Droni per L'innovazione

Do your own drone

Sistemi UAV e RPV

Applicazioni professionali dalla A alla Z

DOMENICO SANTARSIERO

myGEO Edizioni(c) 2015

Stampa
www.createspace.com

ISBN-13: 978-1515117322

Versione e-book
www.amazon.it

Ho imparato così tanto dai miei errori
che sto pensando di continuare a farne.

C.M. Schulz

A Lalla e Metaxa, ai colleghi e amici
che hanno avuto la pazienza di tollerarmi.

DS

Indice generale

Intro & Info

Questo volume vuole essere una piccola guida alla conoscenza del mondo dei cosiddetti *DRONI* o UAV (*Unmanned Aerial Vehicles*)[1], come li chiameremo nelle pagine che seguono. Ne parleremo in senso lato, focalizzando anche l'attenzione ai diversi veicoli utilizzabili, quali piccoli velivoli aerei, piccoli sistemi di volo multirotore, altrimenti detti sistemi MUAV (*Miniature UAV*).

Il primo sistema radiocomandato realizzato da Tesla nel 1989.

La forza del cambiamento degli UAV, non è solo nei sistemi, ma soprattutto in quello che essi ci permettono di fare, ovvero nelle potenzialità delle centinaia di applicazioni possibili in termini di operatività, opportunità di business e innovazione.

Il sistema Inspire 1, ultimo nato della DJ Innovations.

1

    Acronimi, nomi e altre abbreviazioni o modi di dire, sigle internazionali, etc., sono meglio definiti nel glossario in appendice al volume.

L'evoluzione dei sistemi in campo civile, la convergenza e lo sviluppo delle tecnologie di punta dell'ultimo ventennio, hanno conosciuto una importante accelerazione grazie alla condivisione di ricchezze e diversità consentita da Internet. Il mondo dei ricercatori, unitamente a quello degli appassionati di modellismo americani, canadesi, giapponesi, russi, italiani e tedeschi, ha recepito ed applicato la cultura dell'*open source* anche sui progetti hardware. La piattaforma open di origine italiana Arduino - di fatto la più diffusa - ha fatto il resto, permettendo di implementare tecniche di guida intelligente per sistemi mobili a guida remota (RPV - *Remotely Piloted Vehicles*), anche tra i piccoli sperimentatori, startup e produttori di sistemi professionali o ludici.

Il settore professionale dei sistemi UAV - i più diffusi tra gli RPV - ha permesso di sviluppare scenari applicativi davvero interessanti, e sta estendendo oltre ogni aspettativa l'uso delle geotecnologie in operazioni veloci e, se necessario, massive, con budget ridotti e procedure relativamente semplici.

Allo sviluppo del mercato dei sistemi RPV si è recentemente affiancato il mercato consumer della robotica diffusa, a partire dal mondo degli elettrodomestici, della domotica e dei sistemi autonomi di guida. I sistemi autonomi di guida saranno una realtà consolidata entro 15-20 anni, e potranno diventare la norma se l'automobile non sarà più un mezzo personale per lo spostamento, ma un servizio avanzato di mobilità.

Attualmente, le applicazioni che più stanno beneficiando dell'evoluzione dei sistemi RPV in campo civile, sono senz'altro quelle legate alle videoriprese, a cominciare dalla Protezione Civile in operazioni di ricerca e soccorso. In ambito professionale, tali sistemi sono largamente utilizzati per l'acquisizione di informazioni di tipo territoriale, impiegando le più diverse tecniche di indagine, da quella più semplice di acquisizione di ortoimmagini, a quelle avanzate che utilizzano sensori multispettrali, termici, chimico-fisici.

Al di là di tutte le considerazioni possibili, quello dei sistemi UAV rappresenta ormai un mercato già abbastanza maturo, se si pensa che già a fine 2013 il suo valore a livello mondiale era stimato in circa 500 milioni di Euro.

La storia

I primi droni risalgono all'epoca della prima guerra mondiale, durante la quale, nel 1916, il sistema "Aerial Target" venne impiegato in volo tramite complicati sistemi di radio controllo. Per certi versi droni lo erano anche i palloni caricati con esplosivi che gli austriaci provarono ad usare nel 1849 attaccando Venezia; alcune informazioni raccolte qua e là su Wikipedia e internet ci dicono comunque che l'industria militare tedesca abbia provato con sistemi misti di tela e acciaio, a costruire i prodromi degli attuali droni aerei.

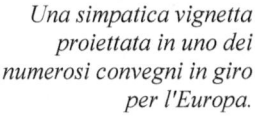

Una simpatica vignetta proiettata in uno dei numerosi convegni in giro per l'Europa.

Negli stessi anni Elmer Sperry, negli USA, metteva a punto uno dei primi giroscopi alla base degli attuali sistemi di navigazione, sia automatica che tradizionale.

La parola *drone* deriva dall'inglese e deve il nome al fuco (o maschio delle api), mentre nell'accezione moderna è associata al concetto di *"velivolo privo di pilota e comandato a distanza"*.

Buildings block GPS signal!!
Phantom is best with 180 degrees clear sky, not good in cities.
If you see the status light that says NO satellites,
DO NOT fly in GPS mode.

* Note : GPS is not perfect. NEVER (00% rely on GPS in city area (with tall buildings),
because buildings block GPS signal, or you will cry for what will happen.

Una avvertenza in zona WARNING sulla documentazione dei multicotteri di DJI. Il GPS può essere bloccato dai palazzi, attenzione al volo automatico basato sul GPS.

Le tecniche di telecontrollo e impiego di un apparato remoto per applicazioni robotiche è comune in vari settori da molti anni, come ad esempio accade in ambito marino, dove da sempre si impiegano i sistemi *rover* in operazioni di recupero o interventi sottomarini in genere.

I droni moderni intesi come sistemi aerei (o comunque volanti), nascono chiaramente in campo militare come avanzamento dei sistemi di sorveglianza ed intervento: negli anni sono stati gli americani e gli israeliani i primi ad impiegarli a cominciare dagli anni '70. E' infatti nella guerra in Bosnia nel 1997 con il sistema MQ1 Predator che gli USA iniziano ad impiegare operativamente i droni, mentre lo stesso modello, pensato già nel 1990 come sistema di rilievo e sorveglianza, effettuò il primo volo nel 1994 ed è diventato operativo dal 1995; gli israeliani impiegarono i droni addirittura nella guerra del Libano del 1980.

Parallelamente al mondo militare, 10 anni dopo (2005) veniva fondata la prima azienda europea, Microdrones GmbH (microdrones.com), che ha promosso per prima l'uso professionale dei sistemi multiroto-re light UAV e che conta oltre 1000 sistemi venduti dal 2006.

Nel frattempo la marea del mondo *open* nell'ambito della robotica era già montata e si affermava attraverso una galassia di situazioni vicine al concetto di *open hardware*. Nasceva così il mondo della sperimentazione, e infine il mondo dei maker, che attraverso progetti open tra l'elettronica e le telecomunicazioni, tra social network e progetti innovativi come le stampanti 3D dei FabLab, hanno fatto il resto.

I droni sono così diventati una realtà e sui siti specializzati, tra il modellismo e le applicazioni professionali, si trovano decine e decine di soluzioni: da multirotori professionali ben fatti in grado di volare per poco più di 10 minuti – magari con una camera GoPro e un sistema di basculamento gimbal – fino a sistemi in grado di volare anche 30-45 minuti con sensori di una certa rilevanza.

Il simposio sui sistemi RPAS organizzato tra i membri di ICAO nel 2015.

Le aziende del comparto sono ormai migliaia in giro per il mondo, così come testimoniano i vari gruppi di interesse nati intorno a questo mercato, le riviste, le fiere di settore e i convegni nazionali e internazionali. La battaglia si combatte un po' dappertutto, in Nord America sicuramente – patria dei progetti più diffusi e di riferimento per tutto il settore del positioning, del software e dell'hardware open diffuso. Ciò è vero anche con i sistemi per l'ambito militare, dove gli Usa sono avanti da parecchi anni. In Europa diversi sono i progetti di rilievo e le aziende che operano nel mercato con applicazioni *consumer oriented*, sono sia francesi che cinesi, come Parrot (http://www.parrot.com) e DJ Innovation (http://www.dji.com).

La realtà operativa parte invece dai riferimenti internazionali come, ad esempio, l'organizzazione AUVSI (http://www.auvsi.org), che raccoglie buona parte dei decision maker statunitensi in fatto di sistemi UAV, o dai riferimenti europei che trovate più avanti; per rimanere in italia, semplicemente basta scorrere la lista dei soci di Assorpas (www.assorpas.it/soci), l'associazione che aggrega le imprese operanti nel settore dei piccoli velivoli a pilotaggio remoto (micro e mini UAV o, in italiano, APR). Si tratta di un'associazione di filiera che unisce produttori, operatori e centri di ricerca.

Nel momento in cui scriviamo non è la sola associazione, ma è quella più genuina e che raccoglie diverse aziende e consenso anche tra gli addetti ai lavori nei settori dei servizi, della produzione e della distribuzione dei sistemi UAV.

Una slide di presentazione di Parrot sulla vision tra mercato professionale e consumer.

Il mondo degli UAV è quindi ormai maturo, e l'attenzione si è spostata, nel corso degli ultimi 3-4 anni, dal settore militare a quello civile delle applicazioni professionali e commerciali.

Le questioni aperte in termini di applicazioni e problematiche sono però ancora molte, e con questo libro pensiamo di poterci occupare della parte buona e utile di questa tecnologia, ovvero quella civile e professionale, senza rinunciare a piccole incursioni nello specifico delle applicazione per le scienze della terra, nel mondo dei maker e dei progetti open.

La storia è appena cominciata e la frase di orwelliana memoria: "***The sky isn't falling - it's watching***", che in italiano si può agevolmente tradurre in *"il cielo non sta cadendo - ti sta guardando"*, assume il ruolo di claim quando si parla di droni.

Infatti la citazione di cui sopra rappresenta e sintetizza bene il problema della privacy legato all'impiego dei droni. Il dibattito, insomma, è al massimo livello: se in alcune parti del mondo si comincia a sperimentare l'uso dei droni per consegnare pacchi postali, in altre si autorizza la caccia ai droni assimilandoli ad oggetti volanti non identificati.

Nel mezzo la verità e le esigenze di chi ai droni guarda solo in termini funzionali agli scopi professionali e civili: qui questa tecnologia è tra le più utili che si possano immaginare. Una prospettiva e una realtà che, per molti esperti e visionari del settore tecnologico, di fatto cambierà il mondo (basti pensare al mondo dei cargo e dei trasporti), di pari passo al diffondersi della robotica, che nei prossimi 20-50 anni porterà ad una rivoluzione epocale in tutti i settori della società.

La storia degli UAV a colpo d'occhio

- **1849 - Gli austriaci attaccano Venezia**
  Primo uso di un sistema UAV (palloni) a scopo militare.

- **1916 - progetto "Aerial Target"**
  Il primo sistema di addestramento su bersaglio mobile per l'esercito inglese. Da qui il termine "drone" in uso attualmente.

- **1917 - Hewitt e Sperry realizzano un Automatic Airplane**
  Nasce il primo dimostratore di volo che riassume il concetto di Unmanned Aircraft Vehicle (UAV).

- **1935 - Nasce il Reginald Denny's Radioplane**
  Il primo modello di UAV viene realizzato su larga scala, con la funzione di *target drone* (USA).

- **1959 - Guerra del Vietnam**
  Vengono usati i primi sistemi UAV per lo spionaggio aereo (USA).

- **1973 - La guerra del Kippur**
  Uno dei primi sistemi UAV con sistemi di sorveglianza in tempo reale (Israele).

- **1986 - Guerra Iran-Iraq**
  Vengono impiegati i primi droni equipaggiati con armi di offesa (Iran).

- **1991 - Guerra del golfo**
  Considerata la prima guerra dei droni, con i sistemi UAV attivi per tutta l'operazione *Desert Storm*.

- **2004 - UAV improvvisati**
  Hezbollah autocostruisce il primo drone.

- **2010 - Gli UAV in cima alla vetta**
  L'esercito USA acquita per la prima volta più droni che aerei tradizionali.

- **Parrot commercializza il primo AR.Drone**
  Il primo multirotore in grado di volare e acquisire immagini, il tutto controllato da App per iOS e Android.

- **Primo incidente pubblico**
Un operatore olandese finisce con il proprio drone sul palazzo del Parlamento Olandese.

- **Droni alla ribalta professionale**
Si cominciano a vedere i primi sistemi UAV per applicazioni professionali nelle fiere di settore (microdrones @ Intergeo).

• **2012 - Droni alla ribalta**
Il primo shock quando una hacker modifica un sistema UAV e integra una pistola elettrica. Sui canali Youtube russi comincia un marketing virale (fake) di un quadricottero dotato di fucile mitragliatore.

• **2013 - Droni postini**
Il Parcelcopter di DHL inizia i suoi primi test nella consegna di piccola corrispondenza e medicinali.

- **Incidente alla Merkel**
Il Pirate Party tedesco fa atterrare un quadricottero vicino alla Merkel.

- **Amazon Prime Air**
Amazon annuncia la sperimentazione dei sistemi UAV per le consegne del futuro.

• **2014 - L'anno dei droni**
Da più parti cominciano a prendere forma diversi progetti gestiti negli anni passati e decine di aziende offrono sistemi. I grandi player affinano le politiche di mercato e nascono progetti incredibili come il Power Up interamente finanziato attraverso il *Crowdfounding* di Kickstarter.

- **Normative e mercato degli UAV**
In Italia e in Europa cominciano a consolidarsi le prime normative; il mercato è ai nastri di partenza e si cominciano a vedere le prime aziende e le prime kermesse pubbliche sul tema.

• **2015 - Il marketplace degli UAV prende forma**
Il 2015 sarà l'anno dei droni civili, della prima normativa USA e dei primi grandi think tank europei e internazionali che cominceranno a promuovere il settore, in primis le associazioni di settore europee e l'AUSVI d'oltreoceano, che ha organizzato un evento in quel di Bruxelles.

La storia recente

La storia dei sistemi RPAS si consolida nel 1995 intorno all'associazione non-profit UVS International basata a Parigi e partecipata da istituzioni, organizzazioni accademiche, aziende, privati, giornalisti e membri onorari che rappresentano 40 paesi nei 5 continenti.

Il progetto Power Up dimostra come la miniaturizzazione e l'integrazione di tecnologie diverse permettono oggi di pensare progetti fino a ieri impossibili.

Tra i compiti di UVS vi è quello di promuovere nei singoli paesi le associazioni di settore. Il sito informativo di riferimento per il mondo degli RPAS è www.uvs-info.com, che contiene oltre 8000 documenti. UVS rappresenta anche : *ICAO, UAS Study Group (UASSG) - ICAO Working Group on Civil/Military ATM Coordination - European Commission UAS Panel - European Commission European RPAS Steering Group - EUROCAEWorkingGroup73-UAS(standingadvisor) - EUROCAEWorkingGroup93-LightRPAS(standingadvisor).*

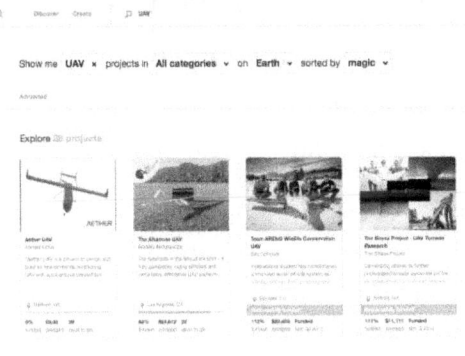

Con la parola chiave UAV ben 28 i progetti presenti sulla piattaforma Kickstarter.

11

La storia dei sistemi UAV in Italia è ancora tutta da scrivere. Chiaramente, se si parla di applicazioni e sistemi in campo civile (il settore militare è maturo già da alcuni anni), diverse sono le aziende del comparto avionico e spaziale che hanno contribuito alla messa in produzione ed esercizio dei sistemi UAV, per lo più all'estero. Un ottimo trampolino di lancio per i riferimenti Italiani è senz'altro la pagina di wikipedia "Aeromobile_a_pilotaggio_remoto" che, alla data di chiusura di questo volume, presenta un'ottima disamina del tema (compresa la tabella di classificazione degli APR mutata dalla classificazione fatta nel 2011 dall'associazione internazionale UVS e che trovate in appendice).

Nel resto del mondo l'era dei droni è cominciata da alcuni anni e il paese che guida la classifica di produzione e impiego, sono gli Stati Uniti, dove sono circa un migliaio le aziende che producono sistemi UAV, sensori o altre parti impiegate per la produzione.

È difficile comunque porre limiti alla fantasia creativa e di sviluppo in un mondo basato sulla contaminazione culturale e tecnica. Lo dimostrano gli innumerevoli progetti e le applicazioni che a prima vista sembrano incredibili, e che forse lo sono veramente. Progetti che hanno più il senso della quotidianità, magari del gioco, ma che comprendono gli elementi dell'evoluzione dei sistemi. Basta scorrere i le proposte sulle piattaforme di *crowdfounding* per rendersi conto che progetti come Power UP (http://www.poweruptoys.com), a cui abbiamo aderito come sostenitori, possono portare un po' più in là gli aspetti tecnici grazie alla convergenza tra sapere tecnico e fantasia creativa facendo mercato e applicazioni.

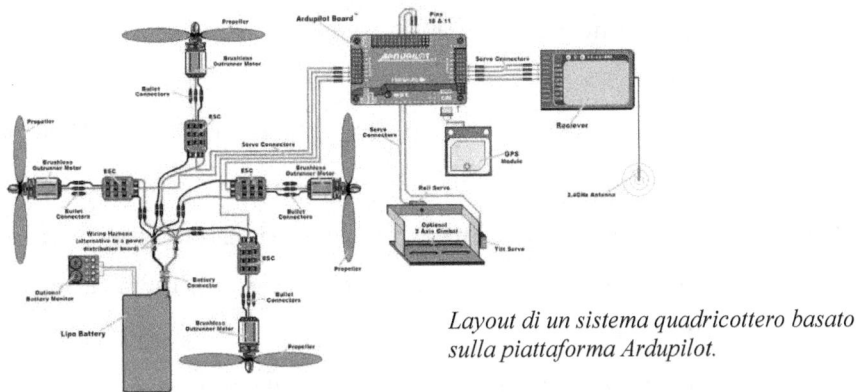

Layout di un sistema quadricottero basato sulla piattaforma Ardupilot.

Si tratta dell'idea giusta nel luogo giusto, che si chiama America: è infatti lì che è nata una delle piattaforme di *crowdfunding* più conosciute e che si chiama KickStarter (https://www.kickstarter.com). L'idea di Shai Goitein di New York è partita il 26 novembre del 2013 ed in soli 60 giorni ha raccolto la sottoscrizione di oltre 20.000 sostenitori per un controvalore di 1,2 milioni di dollari.

Al di là delle storie singolari, il lavoro delle aziende del comparto è stato duro ma eccellente, se si pensa ai sistemi di navigazione per UAV disponibili sul mercato internazionale per poche centinaia di dollari.

La convergenza delle soluzioni hi-tech e la miniaturizzazione di device e sensori hanno fatto il resto. Dai sistemi MEMS che più di altri hanno spinto il mondo delle applicazioni di *attitude* per sistemi *mobile* come smartphone e altre device, si è giunti a sistemi elettronici sempre più miniaturizzati per finire, ormai da qualche anno, a soluzioni *open source* hardware che hanno dato una spinta fenomenale al mercato delle applicazioni di navigazione per le soluzioni *low cost*, che uniscono il cosiddetto utile al dilettevole, come insegna la filosofia dei makers. Certo è che, a partire dalla scuola di pensiero del mondo *open source*, molta strada è stata fatta e il mondo della robotica così come quello dei droni ne hanno avuto un innegabile vantaggio.

A questo punto è necessaria una disamina sui progetti internazionali legati al mondo *open hardware* per gli UAV: il miglior posto dal quale partire è Wikipedia, utilizzando le parole chiavi di ricerca "UAV Open Hardware".

Dal mondo open vengono i migliori progetti o piattaforme che caratterizzano il mondo dei droni; le troviamo ormai a portata di mano e in tutte le salse.

Il punto di partenza per dare uno sguardo alle comunità del mondo dei sistemi RPV e UAV è senz'altro ciò che ruota attorno al progetto DIY Drones (diydrones.com) formato da una comunità creativa all'insegna del *do it yourself* per il mondo dei droni.

Insieme a questa comunità sono nate poi quelle di *ardupilot* e *openpilot*, che guidano la classifica in termini di diffusione insieme al super noto *Paparazzi project* (http://wiki.paparazziuav.org), che rappresenta la prima piattaforma open nata con un contributo scientifico ed operativo proveniente dai quattro angoli del globo (i sostenitori sono infatti l'università francese ENAC, il MAVlab in Olanda, e AggierAir della Utah State University). La piattaforma Paparazzi è modulare e aperta ad integrazioni di terze parti; data la sua diffusione, viene integrata nei sistemi della Parrot dal novembre 2014.

Costruire un quadricottero può essere più semplice di quanto si crede, ma per capirne i meccanismi un libro è essenziale.

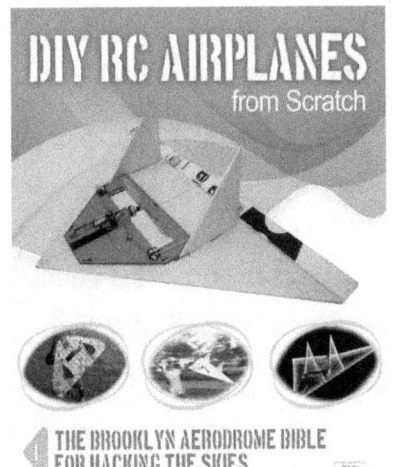

Un testo che accompagna il lettore alla comprensione e costruzione di un sistema UAV.

Nonostante ciò, la piattaforma che più ha prodotto un risultato lungo e maturo nel mondo degli UAV è forse *ardupilot* (http://ardupilot.com) che, partita come piattaforma legata all'italianissimo *arduino*, ha generato nel giro di pochi anni soluzioni che non hanno nulla da invidiare a quelle commerciali più blasonate.

Da queste premesse nascono quindi le tre piattaforme di impiego più comune per le tre tipologie di droni: *arduplane, arducopter e ardurover*, si tratta di autopiloti di base per sistemi ad ala fissa (plane), multirotori o elicotteri (copter) e sistemi rover a terra o in acqua. Essi variano nel firmware a bordo del sistema, mentre la base comune è rappresentata dall'hardware APM e dal software di controllo *Mission Planner*.

Uno sketch promozionale dell'autopilota paparazzi uav.

Openpilot (www.openpilot.org) è un'altra piattaforma condivisa che mette insieme le competenze e la genialità di soggetti che, dal 2010, lavorano al progetto, basato su licenze di tipo GPLv3 e Creative Commons.

Come in tutti i gruppi open, per finanziare l'organizzazione, la ricerca e lo sviluppo, si mettono in vendita le componenti già assemblate come soluzioni per i sistemi UAV. Per *openpilot* è quindi disponibile il sistema *CopterControl & CC3D*, un sistema di navigazione completo di firmware a cui bisogna aggiungere la Ground Control Station, il sistema GPS e i sistemi di telemetrie e radio-controllo. Mille altre sono le iniziative, le aziende e gli appassionati che hanno cominciato a promuovere la convergenza tecnologica alla base dei sistemi UAV, e molto spazio ancora esiste per stupire gli amanti del volo o i professionisti che invece vogliono entrare in prima persona in questo mondo e cominciare a 'trafficare' con saldatori, batterie e antenne di trasmissione, ma anche con software di gestione, pianificazione e post-produzione delle riprese video e/o fotografiche.

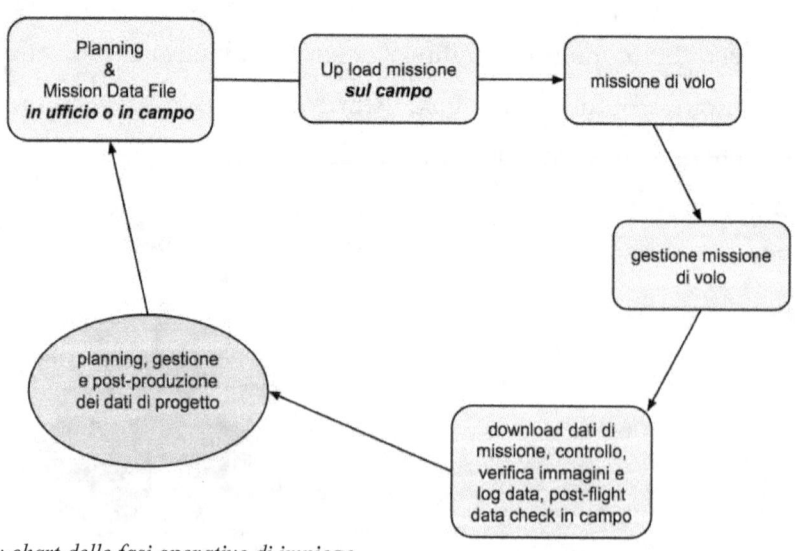

Flow chart delle fasi operative di impiego di un sistema UAV generico.

La tecnica

L'ideazione e la produzione di un drone cominciano dalla sua prestazione generale, ovvero dal suo impiego.

In rete esistono diverse comunità, progetti e altri siti da cui partire per risalire la china delle varie problematiche. Quella fondamentale riguarda la scelta del sistema: *fixed wing* (ala fissa), *multirotor* (multirotore), *helicopters* (elicottero) o VTOL UAV.

La scelta del tipo di sistema UAV, del tipo di potenza in termini di rotori o motori, e tutte le altre caratteristiche non può prescindere dall'uso che se ne farà.

Possiamo riassumere alcune delle caratteristiche in funzione di diverse tipologie di applicazioni e di contesti operativi o almeno provarci.

Un ottimo volume per capire la complessità dei sistemi, dai profili alle coordinate di navigazione. Con esempi pratici da Matlab a Simulink. Volume disponibile sia a stampa che in formato e-book.

- ***Fixed wing*** - i sistemi UAV ad ala fissa possiedono stabilità e sono facili da usare, soprattutto se considerati in un contesto di volo in modalità *Fly By Wire*, che permette di far volare il sistema all'interno di parametri di volo controllato. Dal punto di vista della resa, la durata del volo è sicuramente superiore a quella degli altri tipi di sistemi, dal momento che i droni ad ala fissa, sfruttando la portanza delle ali, ottimizzano l'uso dell'energia durante il volo. Durata e stabilità del volo, quindi: due fattori indispensabili per le applicazioni fotogrammetriche o di controllo su larga scala del territorio.

• Di contro, necessitando di molto spazio e spostandosi a velocità non troppo basse, <u>i sistemi ad ala fissa non possono avvicinarsi troppo all'oggetto da rilevare,</u> fotografare o documentare.

• *Multirotor* - i sistemi UAV multirotore hanno la peculiarità di permettere un volo facile e in quasi tutte le direzioni. Essi vanno comparati agli elicotteri, da cui derivano. Con i sistemi multirotore è possibile variare l'assetto di volo facilmente e mantenere la stabilità. Un'altra caratteristica è quella di attutire le imbardate e gli altri movimenti (beccheggio e rollìo) del sistema in caso di raffiche di vento.

Di contro, non potendo sfruttare l'energia prodotta dalla portanza delle ali, e consumando quindi molta energia, <u>i sistemi multirotore non possono percorrere linee di volo troppo lunghe.</u>

• *Helicopter* - gli elicotteri sono stati finora impiegati per eseguire riprese fotografiche e lavori di alta precisione. Al vantaggio dato dall'estrema manovrabilità, fa da contraltare un'elevata complessità, sia dal punto di vista tecnico che in termini di competenze richieste al pilota.

- *VTOL-UAV* - I sistemi VTOL UAV rappresentano, così come indica la sigla inglese *Vertical Take-Off and Landing Unmanned Aerial Vehicles*, i cosiddetti sistemi convertibili, che prevedono cioè la convertibilità tra propulsione ad elica orizzontale (tipica degli elicotteri o dei multirotore) e la propulsione con elica verticale (tipica dei sistemi ad ala fissa). I sistemi convertibili non sono ancora granché diffusi e le prestazioni sono spesso scarse rispetto ai sistemi tradizionali; ragion per cui, anche se sul mercato si trovano diversi sistemi di questo tipo, rimane ancora vantaggioso avere due sistemi tradizionali invece che uno solo di tipo convertibile.

I sistemi multirotore o similari per lo più permettono di sostituire il lavoro di un elicottero, unendo caratteristiche come la stabilità, la possibilità di *hovering* e quella di installare decine di sensori diversi, dispositivi e sistemi per interventi specifici. Di contro, gli elicotteri, hanno un costo di esercizio troppo elevato per interventi di breve durata e non permettono la gestione di missioni brevi e ripetute.

*Un'altra creazione
di Brooklyn Aerodrome.*

La tecnica di progettazione di un UAV è ben consolidata, e diversi testi di elevato livello seguono pedissequamente un vero e proprio percorso di progettazione e realizzazione: per implementare il progetto, è necessario conoscere molto bene la fisica, la matematica e infine le componenti meccaniche ed elettroniche.

Questo non sempre è possibile o, meglio, non sempre è possibile e conveniente progettare ex-novo un sistema da zero; il più delle volte è consigliabile progettare il solo telaio del sistema UAV, o al limite acquistarne su internet dove progetti di telai già pronti abbondano. Stessa cosa per le componenti elettroniche necessarie al sistema.

In fatto di forma, il Brooklyn Aerodrome ne ha sperimentate diverse, anche simpatiche più che aerodinamiche.

La progettazione di un sistema UAV, per quanto complessa, dovrebbe passare per le fasi individuate di seguito:

- definizione delle specifiche di progetto (funzione, peso totale (payload incluso), velocità, capacità di volo, ecc.);
- scelta della forma e/o telaio o modello;
- scelta dell'autopilota;
- scelta del complesso motore-controller (ESC)-alimentazione;
- scelta sistema sw del flight controller;
- scelta della telemetria del radiocomando;

- scelta della telemetria della GCS (stazione di controllo a terra);
- selezione dei sistemi ESC o di controllo dei motori;
- scelta dei sistemi attuatori per le varie funzioni di volo;
- selezione dei sensori ausiliari come GPS, IMU, giroscopi, magnetometri, altimetri o altri sensori in funzione della complessità del progetto;
- implementazione del software di controllo a livello di firmware dell'autopilota e di stazione a terra, ma anche di planning pre e post-missione;
- selezione delle tecnologie di gestione e controllo del payload;
- scelta del sistema di post-processing dei dati raccolti.

Il livello di astrazione di un VAS (Virtual Autopilot System) per un sistema UAV.

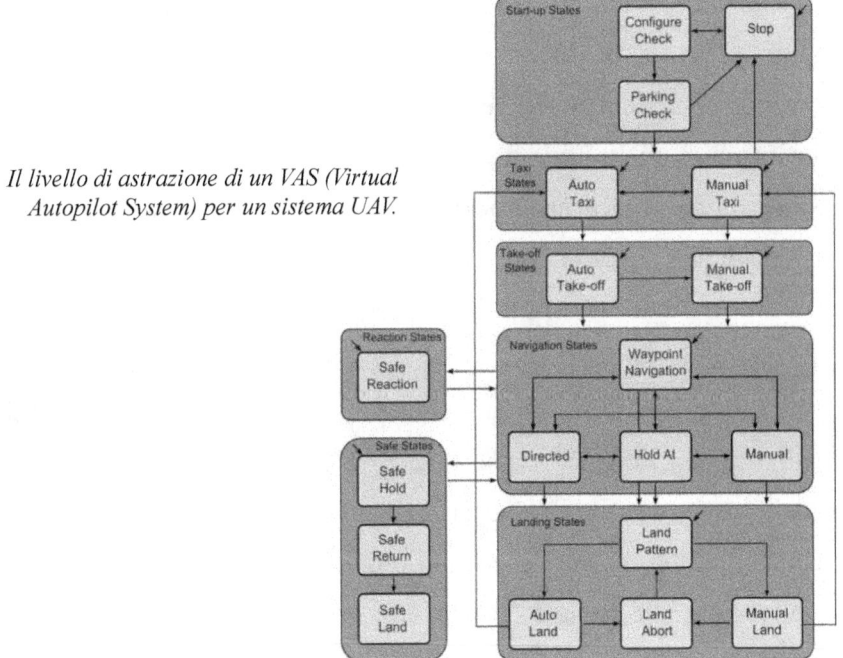

La parte più importante, oltre alla selezione dei sistemi indispensabili al sistema UAV, è rappresentata dal corretto dimensionamento delle componenti, con particolare attenzione alla potenza dei rotori, al gruppo di alimentazione e ai sistemi di controllo dei rotori (ESC); questi, se sottodimensionati, possono mettere a rischio le unità fondamentali per il volo, quali i rotori o i motori.

La forma

La forma e le dimensioni del modello o del telaio vanno definite in funzione del tipo di missione, del tipo di ambiente operativo e tipologia dell'applicazione.

La forma in alcuni casi rappresenta una soluzione chiaramente rispondente alle prestazioni del modello. È Chiaro che un modello per operazioni civili dedicato alla documentazione territoriale, dovrà avere stabilità e durata della missione di un certo tipo. La forma è importante in fase di decollo, ma soprattutto in fase operativa o in fase di navigazione con turbolenze e con venti sostenuti.

La forma è anche utile per sfruttare le portanze in quota e ottenere *endurance* di una certa importanza, situazioni nelle quali il tempo di permanenza in volo deve essere massimizzato.

Al contrario, per *endurance* brevi, le dimensioni e la forma del sistema potranno magari essere più semplici e adeguate a facilitare il decollo e l'atterraggio, riducendo magari le prestazioni di volo lungo e stabile, così come la possibilità di usare certi tipi di sensore.

Lo studio della forma, al contrario di quanto si possa credere, ha importanza anche nel caso dei sistemi multirotore. La forma in questo caso serve a salvaguardare aspetti legati alla sicurezza e, se vogliamo, a favorire l'aerodinamicità nel lavoro di trasferimento lungo linee di volo rilevanti e a prevalenza orizzontale.

In alcuni progetti estremi la forma diventa variabile, ovvero a composizione parametrica con il tipo di *trip service* richiesto. Sistemi collaborativi in tal senso sono studiati dall'ETH di Zurigo, con il progetto *"Distributed Flight Array"*, anche se in questo caso la forma assume un altro valore. La progettazione di un sistema UAV in termini di telaio, non può comunque prescindere dalle funzioni del sistema e soprattutto dal suo impiego, dal suo payload o carico utile di sensori e, in generale, dai sistemi che non fanno parte dell'UAV ma della missione vera e propria.

Il controllo di assetto

Il controllo di assetto in un velivolo è quanto di più complesso possa esistere, e si compone di migliaia di variabili: dalla risposta dei sistemi di assetto (timone, alettoni, flap, turbine e forma del velivolo, ecc.) ai sistemi di potenza e controllo (sistema propulsivo, sistemi IMU, ecc.), per finire alle forze esterne (vento e aria) e alla meteorologia in genere.

Nei sistemi di nuova generazione, i sistemi di controllo di assetto sono diventati dei veri e propri sistemi di gestione del volo, permettendo di pianificare missioni, waypoint e modalità di volo 3D. I sistemi di navigazione degli UAV non hanno nulla di diverso ripetto a sistemi aerei più blasonati: il tutto si compone di 4-7 dispositivi collegati in un perfetto sistema funzionante e poco ridondante.

I sistemi di guida dei modelli, tra i più performanti di tipo professionale e non militare, sono per lo più semplificati attraverso l'eliminazione di alcune componenti del controllo di assetto come ad esempio il timone di coda, a vantaggio dei sistemi con il solo controllo dei flap, eseguito in genere tramite micro servomotori detti anche attuatori.

L'intera gestione dei processi a bordo dell'autopilota o FCU (vedi immagine a pag. 21), è basato su sistemi operativi di tipo *"real time"* o RTOS; ciò garantisce una perfetta gestione delle funzioni primarie del sistema di navigazione con processi paralleli ai sistemi periferici che controllano l'assetto di volo, il motore e i diversi sensori per l'assetto (giroscopi, accelerometri e tubi di Pitot ma anche GPS e altimetro).

Il sistema di navigazione e controllo

Il sistema di navigazione coincide con il sistema di guida remota o autonoma degli UAV e RPV in generale.

I sistemi di navigazione e controllo, gli **autopiloti**, rappresentano il cuore di ogni sistema RPV. La loro funzione è quella di *pilotare* il sistema in maniera automatica o controllata, in modalità locale o remotizzando i comandi.

L'autopilota è chiaramente collegato a tutte le periferiche o, meglio, tutti i sensori attivi e passivi sono in genere collegati alle diverse porte di I/O del sistema centrale. Il funzionamento è quello di una unità di calcolo con un OS (*Operating System*) e un programma master (*firmware*), che opportunamente amministrato attraverso i suoi parametri, è in grado di gestire i sensori attivi e passivi, gli attuatori, di eseguire piani di volo e/o manovrare sistemi di controllo più o meno evoluti come i motori, i sistemi di assetto, i sensori, fino alla gestione delle varie fasi della missione di volo (decollo, missione operativa e atterraggio). Un sistema autopilota ha quindi decine e decine di connessioni verso tutte le periferiche e un firmware in grado di operare in tempo reale con tutti i sistemi e tutte le condizioni poste dai parametri di volo: una materia complessa per specialisti della materia aeronautica, elettronica e informatica.

Sensori attivi e passivi

Un sistema UAV professionale non può prescindere da diversi sensori che ne regolano il volo e le funzioni. Ma a ben vedere, anche diversi sistemi di classe inferiore (come ad esempio i sistemi per il modellismo o quelli giocattolo), sono equipaggiati con dispositivi più o meno sofisticati. La diffusione dei sistemi MEMS negli ultimi 10 anni ha permesso la diffusione di sistemi di controllo dalle dimensioni ridotte, in genere installati su circuiti stampati di pochi centimetri o a volte millimetri. I sensori attivi emettono segnali elettrici in funzione di grandezze fisiche (temperatura, pressione, orientamento, ecc.). Al contrario, i sensori passivi necessitano di un generatore ausiliario di energia elettrica che, applicata nel circuito, stimola la generazione di misure.

Nel nostro caso, facendo un assunto un po' critico, possiamo anche dire che sono sistemi passivi (o attuatori), tutti quelli che sulla base del controllo di alimentazione elettrica come frequenza, voltaggio, ecc., producono movimenti di meccanismi come relè, rotori, beeper, ecc.

I sensori più usati sono i giroscopi. Per prodotti consumer vengono spesso impiegati i soli accelerometri solitamente su piastrina singola o integrati nel circuito. Per prodotti più professionali, in genere si includono unità come la MPU-6050 della InvenSense (http://www.invensense.com/) che mette insieme *giroscopi e accelerometri su tecnologia MEMS basata su 6-9 assi* di orientamento, con la possibilità di ricevere segnali da una bussola a 3 assi, e miscelare e filtrare i dati per l'assetto migliore del modello.

Altri sensori impiegati sono quelli ad ultrasuoni che svolgono funzione di *close-proximity detection*, ovvero sensori di prossimità impiegati per lo più nell'atterraggio dei multirotori. Nei sistemi ad ala fissa è sempre presente un *tubo di pitot* che dà la forza del vento in quota durante il volo dunque la velocità reale del modello. Un sensore di altitudine o barometro elettronico garantisce in genere un controllo immediato dell'altezza, anche in caso di assenza del segnale GPS.

Sensori vari sono poi sparsi in altre componenti vitali del sistema, come nei sistemi ESC e anche a volte nei rotori.

In genere la scelta dei sensori è legata alla compatibilità con il sistema di gestione (autopilota), ed è usuale impiegare quelli consigliati dal rivenditore delle unità di navigazione.

Rotori, controller e attuatori

La funzione primaria di volo di un qualsiasi UAV è in primis affidata al complesso motore-controller o ESC, e infine ai gruppi di attuatori che controllano i sistemi di assetto del modello.

Le problematiche di alimentazione del gruppo batterie non presentano difficoltà, se non per il fatto che sui sistemi multirotore le connessioni sono multiple così come i sistemi ESC da gestire, e quindi si presentano altre criticità di realizzazione.

Il rotore viene selezionato in genere in funzione del peso del velivolo completo con il carico utile.

Telemetrie e radiocontrollo

Parlare di telemetrie e telecontrollo nell'ambito di sistemi remotamente pilotati (RPV) sembra superfluo, in quanto è probabilmente l'aspetto primario che tiene in vita i sistemi. È chiaro che i sistemi in grado di avere "vita autonoma" non hanno bisogno di nessun controllo, almeno in teoria, ma avere a portata di mano tutti i parametri vitali del sistema remoto è essenziale per poter intervenire in caso di failure.

I sistemi telemetrici e di radiocontrollo sono in genere gestiti separatamente, sia in termini di apparati di trasmissione che in termini di frequenze impiegate. Questa necessità è spesso imposta dagli organi di approvazione dei sistemi, in quanto l'uso di frequenze diverse garantisce in un certo qual modo la sicurezza del controllo di missione (ad esempio comandi di volo che non vanno a buon fine con il radiocomando e che con la telemetria da PC funzionano senza problemi). In generale sui sistemi UAV civili, le frequenze su cui operano i sistemi sono legate alla normativa del paese in cui vengono impiegati, ma genericamente parlando, in Italia e in Europa le frequenze assegnate per tali scopi corrispondono a 40 e 72 MHz per il radiocomando e a 433 MHz per le telemetrie da PC.

Il radiocomando

Il sistema di radio-controllo del modello può essere integrato o separato dalla ground station di gestione delle operazioni di volo e di gestione del carico utile a bordo. È genericamente utile avere un radiocomando separato o almeno uno di riserva con il quale condurre operazioni di recupero del sistema in caso di failure della stazione di comando a terra (in genere più complessa e legata al funzionamento di un PC e che quindi può presentare anche problemi di natura software).

*Una ground station ad hoc
di un sistema UAV generico.*

Un radio-comando canonico e di uso comune deve avere tra 8 a 16 canali di comunicazione, sui quali saranno gestiti i diversi comandi di volo o propriamente gli attuatori che controllano le varie funzioni (accensione, armo, motori, ecc.) ed eventualmente alcune funzioni accessorie come il controllo dei gimbal o di altri dispositivi legati al *payload*, assegnando agli *switch* o agli *slider* le relative funzioni. Ma vediamo come si presenta e come è concepito un radio-controllo per modelli UAV.

In genere sulla parte anteriore risiedono le componenti attive, mentre sul retro quelle di servizio come connessioni con porte USB e/o pin-jack.

Nella parte anteriore si distinguono normalmente le seguenti componenti:

- **(A e B) - Area degli switch operativi**, ovvero di un set esteso di comandi, attuatori e comandi che possono gestire decine di posizioni e combinazioni. Questi comandi sono distribuiti tanto a destra quanto a sinistra del pad, e prevedono sia degli switch slider che dei veri e propri interruttori su tre posizioni, le cui specifiche possono essere cambiate via menù.

- **(C) - Area centrale** con i comandi principali affidati a due stick o joystick, da cui è possibile gestire i comandi vitali del sistema. Ovvero della potenza dei motori e dei sistemi di direzione e volo dell' UAV.

- **(E) - Switch Power/Off** e trimmer digitali.

- **(D) - Display e tastiera inferiore**, destinate alla gestione dei parametri software del sistema, con informazioni standard come stato della batteria e delle telemetrie, profilo in uso, ecc.

3DR Radio Set

La telemetria di 3DRobotics, proveniente dalla galassia dell'open hardware, è tutta raccolta in 2 radio di pochi cm (5x2.5) più antenna e connessioni mini-usb.

Tra le componenti generali di un radiocomando vi è poi l'antenna, in genere orientabile per problemi di storage del sistema, e che va armata prima di mettere l'interruttore del radiocomando su ON.

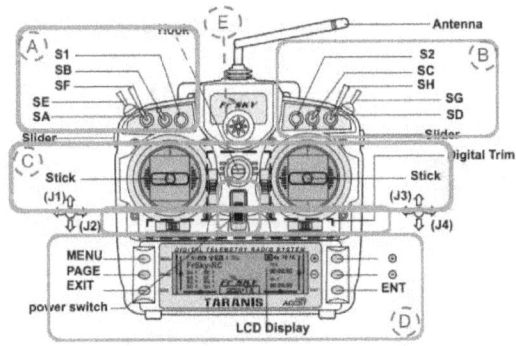

Vista superiore di un radiocomando tipico del modellismo, impiegato spesso per i sistemi UAV professionali. Queste le diverse aree dei comandi: (A e B) - Area degli switch operativi - (C) - Area centrale - (E) - Switch Power/Off - (D) - Display e tastiera inferiore.

Un radiocomando è in sostanza un sistema radio le cui funzioni sono quelle di gestire canali di comunicazione verso i diversi dispositivi, attuatori, sensori e quant'altro necessario a gestire il sistema UAV. I canali di gestione delle comunicazioni in termini di dati, sono ottenuti per via analogica o per via digitale, a seconda della tecnologia impiegata, e in sostanza i parametri di funzionamento di un radiocomando devono essere compatibili a quanto stabilito dal costruttore del sistema; gli stessi devono essere inseriti nella documentazione tecnica e ne vanno segnalati il numero di canali e i parametri standard. In realtà, a meno di usare dei radiocomandi ad hoc e non standard forniti spesso con sistemi UAV commerciali, la maggior parte dei radiocomandi per modellismo professionale prevedono la gestione di profili utenti, cosicché, con lo stesso radiocomando, è possibile gestire anche diversi sistemi facendo attenzione a caricare il giusto profilo della missione e a testare le funzioni vitali degli stick e dei switch prima di far decollare l'UAV.

La ground station

Il concetto di *ground station* (GS o GCS) è quello di un sistema in grado di tracciare in tempo reale il modello UAV, ovvero i suoi parametri di navigazione e di assetto, così come i parametri vitali di stato della batteria e infine i dati degli eventuali sensori installati a bordo.

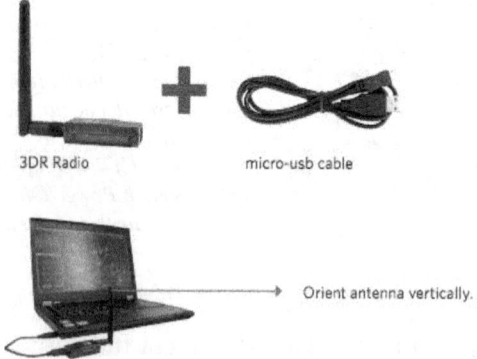

3DR Radio   micro-usb cable

Orient antenna vertically.

La Ground Station più semplice da utilizzare, è un PC o un tablet dotati di un semplice radiomodem compatibile con il sistema del vostro UAV.

Va da sé che le GS disponibili sono un'infinità e sono più o meno adattabili alle esigenze imposte dall'applicazione; nel nostro caso l'obiettivo è quello di gestire, possibilmente su una mappa, i progetti di volo e di acquisizione dei dati del sensore a bordo del sistema UAV. Le componenti principali di una GS standard, possono così essere sintetizzate:

- PC win/mac/linux o componente di calcolo e visualizzazione ad hoc;
- Radio (antenna + eventuali sistemi di tracking);
- Software di monitoraggio e/o di navigazione;
- Aux device in funzione del payload a bordo dell'UAV;
- Eventuale sistema FPV esterno alla configurazione dell'unità PC.

Una stazione GS per sistemi UAV si può ottenere attraverso un semplice PC o MAC, o anche tablet, dotato di una antenna minima in grado di gestire le telemetrie del modello come nell'immagine a pag. 30, oppure da una apparato ad hoc con tanto di sistema di tracking ad auto-inseguimento come nell'immagine a pag. 27.

E' chiaro che il tipo di GS che ci troveremo ad impiegare dipende in linea di massima dal tipo di sistema scelto per il nostro lavoro, tenendo presente che il costo per una GS di base sarà di poche centinaia di euro, ovvero il costo di un PC portatile e di una semplice ricetrasmittente (come quella del noto gruppo 3DRobotics che per poco più di 100$ fornisce due radio, una per il sistema remoto e una per la GS, da collegare con una semplice mini USB).

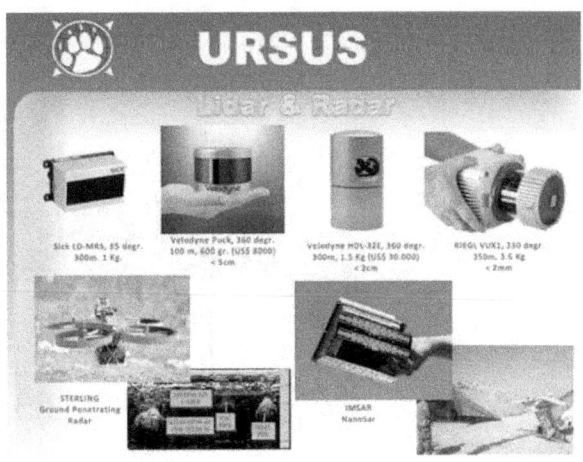

Decine e decine i sensori che sono stati resi disponibili nelle versioni per UAV.

Se invece volete avere una GS professionale, allora dovrete rivolgervi ad aziende specifiche che forniscono sistemi civili e militari, con soluzioni costruite ad hoc per scenari applicativi diversi dal fai da te, ovvero della tecnologia spesso chiusa e di budget a volte irraggiungibili per i comuni mortali.

Le batterie

Una delle rivoluzioni degli ultimi anni sono stati i sistemi di storage energetico, a cominciare dalle batterie al litio che hanno in parte rivoluzionato il mondo del *mobile*, e di pari passo anche il mondo dei motori elettrici e quindi dei sistemi remoti e robotici. In sostanza, la vera rivoluzione è rappresentata dall'energia data dai nuovi sistemi basati su batterie Li-Po, che riducono al contempo le dimensioni e la velocità di ricarica.

Le batterie in circolazione presentano l'enorme vantaggio di essere realizzate a celle, ma il loro uso diventa leggermente più complesso, e al contempo sicuro, visto che è possibile misurare costantemente i singoli elementi della batteria.

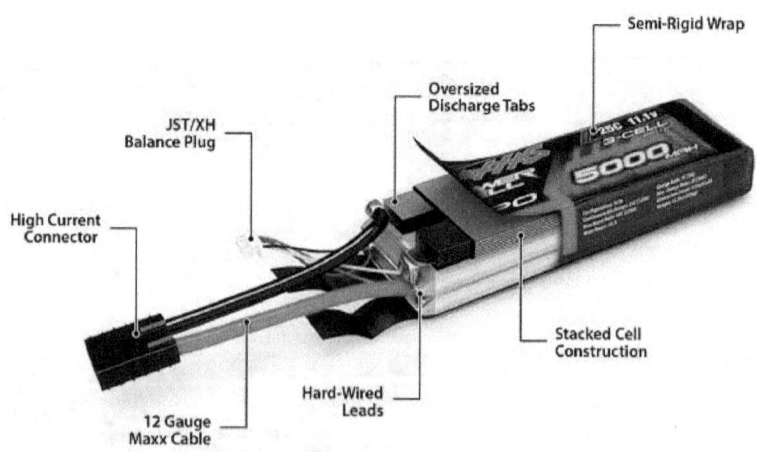

La sezione tipo di una batteria per UAV.

I sistemi di gestione del payload

I sistemi di gestione del payload o carico utile del vostro UAV possono essere semplicemente integrati nel sistema e avere un set dedicato di comandi, controllati via switch da radiocomando o come comandi disponibili sulla GCS.

Se parliamo di semplici immagini fotografiche o fotogrammetriche, la gestione del sistema si riduce alla programmazione di un set di comandi che vengono inviati alla camera fotografica, o alla videocamera. Tutto ciò integrato nel sistema di planning e gestione delle missioni di volo, che in genere è compatibile con il tipo o modello di UAV, o con il tipo di autopilota o di sistema di volo e di telemetrie.

Nel caso di sensori più complessi come camere termiche, sistemi laser scanner e altri sistemi come camere multispettrali o sistemi dedicati per analisi chimiche *on the fly*, le necessità di gestione dei sensori sono riducibili all'alimentazione e agli strumenti di monitoraggio eventualmente dedicati, attraverso telemetrie aggiuntive appositamente predisposte.

Uno dei volumi per iniziati all'FPV.

Dei sensori che danno dati significativi e in tempo reale, è usuale ri-
mandare a terra la sola immagine fotografica, termica o del display di
un qualsiasi altro apparato.

Un sistema FPV minimale, con videocamera, video downlink e LCD Glasses.

Sistema FPV

I sistemi cosiddetti FPV, o di *guida in prima persona*, consistono semplicemente in una videocamera posta sulla prua del sistema di volo e di
un rimando a terra delle immagini in tempo reale.

I sistemi FPV possono essere di semplice controllo a vista, e in questo
caso sono in genere impiegati dei monitor già dotati di ricevitore e di
antenna, oppure sono impiegati palmari e smartphone, considerati un
po' le consolle del mondo consumer. Ma i sistemi FPV possono essere
anche molto avanzati: e in alcuni casi si impiegano anche sistemi ste-
reoscopici col fine di rendere immersiva o altamente informativa
l'acquisizione in volo (basti pensare a operazioni eseguite con operatori
in remoto su centrali nucleari, in fondo al mare e nello spazio).

Nel caso di un sistema immersivo, si impiegano quindi comunemente i visori immersivi, chiamati anche *goggles*, da scegliere tra le decine di soluzioni ormai disponibili per innumerevoli applicazioni di realtà aumentata o di videogiochi.

Un quadricottero in fase di test con 2 camere
stereoscopiche rinviate a terra in tempo reale.

Le applicazioni

Sono 30 i casi applicativi di interesse per le attività professionali e non, che intendiamo presentare in questa sezione del volume: spunti operativi o *case applications*, o semplici riferimenti a sistemi, progetti e attività di ricerca e sviluppo su temi specifici basati su sistemi volanti o robotici, in ogni caso assimilabili al mondo degli RPV, UAV o MUAV, come in alcuni testi e ambiti vengono definiti.

Per quanto riguarda la classificazione degli ambiti operativi, si è tentato di suddividerle in 4 macrosegmenti: **Terra, Aria e Spazio, Acqua;** una sezione che esula da questi ambiti è quella **ludica** (o, meglio, 'fun' in gergo): essa è per lo più legata al mondo dello sport e del tempo libero, ma anche a progetti non connessi con un'attività produttiva specifica.

Alcune volte le applicazioni presentate potranno apparire nel posto sbagliato ma vi assicuriamo che dietro questo c'è una logica - magari anche criptica - ma c'è. Per farvi un'idea, vale la pena scorrere la tabella nella sezione webgrafia in fondo al volume.

Applicazioni terrestri

Le applicazioni di tipo *terrestre*, riguardano le applicazioni di tipo investigativo od operativo che si svolgono a terra e/o le applicazioni che riguardano il rilievo ambientale e territoriale, svolto tanto da sistemi UAV ad ala fissa che operano in volo radente (50-350 m) o di prossimità (multirotore), ma anche progettati ad hoc, automatici o semiautomatici (RPV, MMS, ecc.).

Aria e Spazio

Le applicazioni di sistemi RPV per il settore aerospaziale rappresentano quanto di più avanzato si possa immaginare, anche se applicazioni di eguale criticità sono pure quelle che si svolgono in acque profonde (oceani e fosse marine), all'interno delle quali si lavora sotto pressioni di centinaia di atmosfere per cm³.

In ambito spaziale vengono impiegati da diversi anni sistemi robotici; operando fuori dall'atmosfera, e quindi in condizioni di microgravità, il concetto di pilotaggio remoto cambia però radicalmente.

Le applicazioni aeree sono invece quelle in cui i sistemi UAV operano nei nostri cieli, non tanto per effettuare riprese o lavori relazionati alle attività sulla terra, bensì ad attività che si svolgono esclusivamente in volo e in atmosfera.

Acqua

Il mondo delle applicazioni per ambienti acquatici ha a che fare con mari o oceani, acque interne, laghi, ecc.

Rappresentazione visiva del futuro dei droni nel delivering di DHL.

Consegnare la corrispondenza con i multirotori

La prima sperimentazione dei droni per un uso civile utile è senz'altro quella della consegna di plichi postali di basso peso.

La prima a sperimentare tale opportunità è stata DHL in Germania, in un contesto perfetto in cui la linea di volo è semplice e diretta e va dalla terraferma all'isoletta di Juist nel nord est.

Addetto DHL che carica la corrispondenza.

Il *Parcelcopter*, così come è stato definito, potrà decollare di giorno dalla stazione di Norddeich, percorrere 12 chilometri alla velocità di 65 km/h e ad un'altezza di 50m circa, per raggiungere l'area di atterraggio appositamente realizzata, atterrare e attendere che un addetto prelevi il plico per consegnarlo al destinatario.

É chiaro che il drone può essere impiegato utilmente sia per la consegna che per il ritiro di corrispondenza, ma anche ovviamente per medicinali o altri oggetti non troppo pesanti.

In questo caso DHL ha provveduto a realizzare un contenitore leggero e stagno in cui inserire il plico.

L'isola di Juist dove viene effettuato il servizio, di giorno e ad orari regolari.

Le prospettive sono però molto interessanti, e forse in caso di necessità o in caso di calamità, l'uso dei droni potrà rivelarsi molto utile per portare medicinali, cibo o altro direttamente a destinazione, anche nel caso in cui le vie di comunicazione fossero interrotte. Chissà che un giorno tutte le casette sparse nelle vaste aree del nord Europa o nelle campagne, non debbano dotarsi di una piccola piazzola con una bella D disegnata sopra, dove far atterrare il proprio fattorino volante.

http://www.microdrones.com/en/applications/growth-markets/quadcopter-for-logistics/

Il sistema della Microdrone scelto da DHL per il primo servizio di consegna di piccoli plichi.

Rilievi territoriali, cartografici, geografici e geo-topografici

Le tipologie applicative di questo caso di studio sono riconducibili in linea generale alle applicazioni geomatiche.

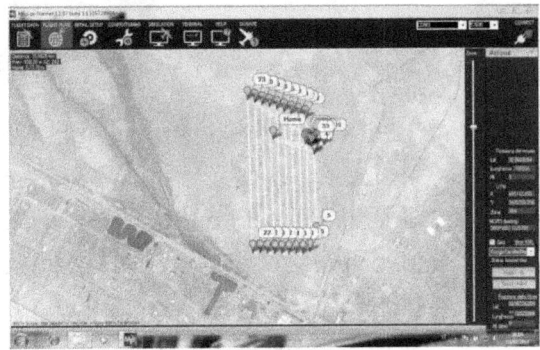

Un piano di volo progettato sul Mission Planner della 3DRobotics.

Analizzare le possibili applicazioni di questo vasto settore è facile come bere un bicchiere d'acqua. È più difficile capire quali soluzioni commerciali rispondano ai vari tipi di esigenze e ai diversi budget.

Facciamo innanzitutto una disamina di questi segmenti di mercato a prima vista simili:

- **Rilievi territoriali** - è un termine generico per indicare che lo scopo delle operazioni eseguite con i sistemi UAV è l'acquisizione e la restituzione di informazioni a scala territoriale, ovvero non una superficie di poche centinaia di metri quadrati, bensì con una scala di almeno una decina di chilometri quadrati. I sistemi UAV per questo segmento devono essere dotati di GPS, di camera fotografica calibrata e devono avere la possibilità di gestire il sistema attraverso un software di pianificazione delle missioni di rilievo e documentazione.

- **Rilievi cartografici** - con questo termine si intendono i rilievi con sistemi UAV dotati di sofisticate camere, calibrate e gestite secondo piani di volo stabili e compatibili con gli standard cartografici tradizionali.

Modello DTM
a profondità di colore.

- **Rilievi geografici** - in questa sezione possono essere inseriti tutti i sistemi UAV dotati come minimo di un sistema GPS di qualità e di un sistema di ripresa video adeguato a determinare almeno la posizione geografica delle riprese. La geografia è una disciplina che studia il territorio per diversi scopi e necessita di una rappresentazione precisa a scala cartografica; avendo a che fare per lo più con i video, non è però facile specificare la precisione e le potenzialità dei sistemi UAV per questo tipo di operazioni.

- **Rilievi geo-topografici** - i rilievi topografici vanno oltre il rilievo cartografico; spesso la loro natura richiede sistemi diversi in funzione degli obiettivi. Stessa cosa per le scale e le precisioni richieste, sempre diverse e spesso anche molto "spinte" e che necessitano del 3D. I sistemi UAV più adatti per questo tipo di applicazione sono sicuramente i multirotore: questi presentano caratteristiche di adattabilità per il rilievo di piani spesso non convenzionali (pareti in roccia, modelli 3D nei beni culturali, cave, ecc.). Tra i rilievi geo-topografici non convenzionali, vanno inseriti quelli di supporto in ambito geologico, edile, infrastrutturale e, come già detto, dei beni culturali.

Quando si ha a che fare con i rilievi territoriali, è d'obbligo impostare le operazioni degli UAV attraverso un sistema di pianificazione del volo in modo da garantire l'acquisizione di riprese stereoscopiche con caratteristiche adeguate al lavoro da svolgere.

Quasi tutti i sistemi prevedono la fornitura di un software adeguato per la pianificazione e la gestione del sistema UAV e della missione, quindi per la determinazione della rotta e delle coordinate dove effettuare le riprese.

La restituzione dei dati

Nell'ambito di tali attività, la restituzione dei dati è parte integrante del processo: fino a che non si ottengano dei risultati adeguati, il lavoro non può dirsi concluso.

L'efficienza di un sistema non è data infatti solo da una delle sue componenti: il fatto che un sistema UAV abbia risposto alle nostre aspettative o che il sistema di ripresa MMS a bordo di un velivolo terrestre abbia acquisito perfettamente i suoi video e le scene laser scanner, è solo una delle aspettative che dobbiamo soddisfare. A valle del processo di ripresa dei dati in volo (immagini, video, coordinate GPS, ecc.), deve essere chiaro e già testato un modello di elaborazione, che in genere viene fornito o consigliato dal venditore del sistema, oppure è disponibile rivolgendosi all'ampia platea dei fornitori di software 3D.

Il rilievo di un fronte geologico diventa facile con un sistema multirotore dotato di camera professionale e gimbal orientabile.

Ma un software da solo è difficile che possa rispondere a tutte le nostre necessità e in genere si adottano, a seconda delle abitudini ed esperienze degli operatori, software di livello professionale come ad esempio quelli fotogrammetrici, oppure soluzioni più consumer che permettono di mettere insieme immagini fotografiche senza grande perizia pur ottenendo modelli 3D misurabili e pronti al processo di digitalizzazione delle informazioni GIS, oppure pronti al processo di ricostruzione 3D di scenari virtuali per scopi divulgativi.

Diversamente, quando si ha a che fare con prodotti geo-cartografici di livello professionale superiore, è necessario adottare sistemi di elaborazione ancora più complessi.

www.geo-fly.org

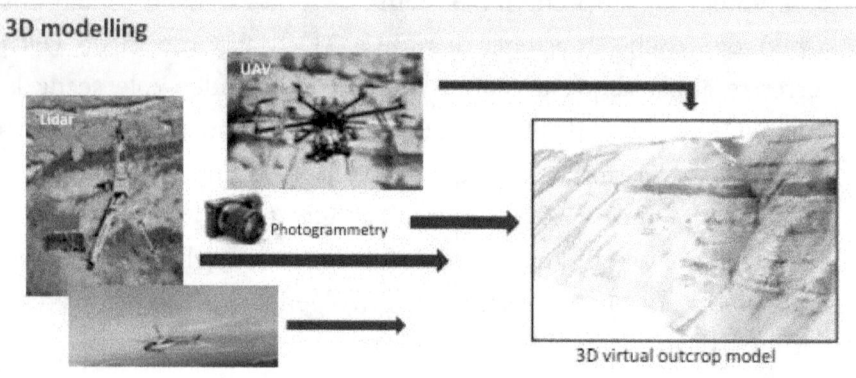

Tecnologie convergenti per la realizzazione dei modelli 3D del territorio (Tusexpo 2015).

Droni per l'archeologia

L'uso degli UAV in archeologia è una delle più belle innovazioni che l'era delle smart technology poteva portare con sé. È facile intuire come, con questa tecnologia, sia immediatamente possibile documentare siti archeologici fino ad ora di difficile accesso, il tutto in maniera economica con al seguito un UAV non necessariamente professionale ma che si ponga al limite tra una soluzione 'alta' e una consumer o da aeromodellismo.

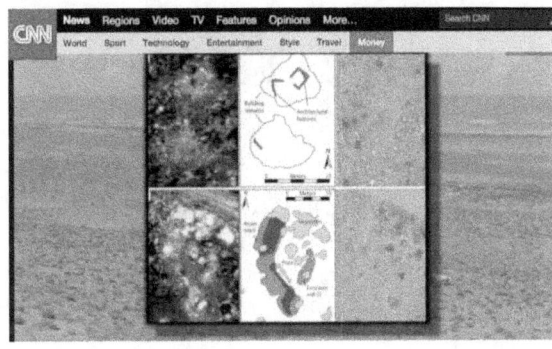

Mappatura di un sito archeologico.

Volendo approfondire il tema, sono diversi i materiali dai quali partire: tra questi, vale la pena citare l'esperienza che a visto l'impiego di un sistema multicottero con camera termica e che ha permesso di scoprire un antico villaggio in Nuovo Messico risalente a circa mille anni fa. Un lavoro portato avanti dall'università North Florida e da quella dell'Arkansas e di cui vi forniamo i riferimenti web: http://www.elsevier.com/connect/drones-are-the-latest-archaeological-tool.

First orthophoto of archaeological site of UR realized using UAV

Un' immagine del sito archeologico di UR ripresa con il sistema FlyGeo.

Sono in ogni caso ormai diversissime le applicazioni, vista la facilità e l'immediatezza operativa. Tra i progetti ai quali è possibile ispirarsi al fine di comprendere la portata operativa e le potenzialità degli UAV, un ottimo trampolino di lancio è rppresentato dalla raccolta di oltre 100 articoli accademici di livello internazionale promossi dal Journal of Archaeological Science della Elsevier al seguente url: http://www.sciencedirect.com

*Il lancio di un sistema
UAV durante
un test in Africa.*

Un esempio applicativo di mappatura, unica come tema e caratteristiche morfologiche, è rappresentato dal lavoro svolto presso il sito di UR in Iraq: grazie ad un sistema UAV ad ala fissa il sito ha rivissuto il suo splendore grazie ad una vista dall'alto mozzafiato, mettendo in mostra per la prima volta la morfologia e i colori reali del sito ed evidenziando le colline create da Sir Leonard Wolley nei suoi scavi di oltre 80 anni fa.

*Il FlyGeo ai
controlli prevolo.*

*Il FlyGeo alla fase di
atterraggio e recupero.*

L'uso in archeologia dei sistemi UAV si differenzia per il tipo di documentazione e in funzione del tipo di monumento da rilevare. Mentre infatti per rilievi di larga estensione può essere conveniente impiegare sistemi ad ala fissa magari dotati di camera termica o multispettrale, per applicazioni su superfici limitate - o nel caso di documentazione a sviluppo verticale con necessità di hovering del sistema – è preferibile un sistema multicottero (quadricottero o superiore), così da poter gestire anche payload più impegnativi come ad esempio una camera full frame tipo Canon EOS, o anche più evolute.

http://archeoguide.it/ur/

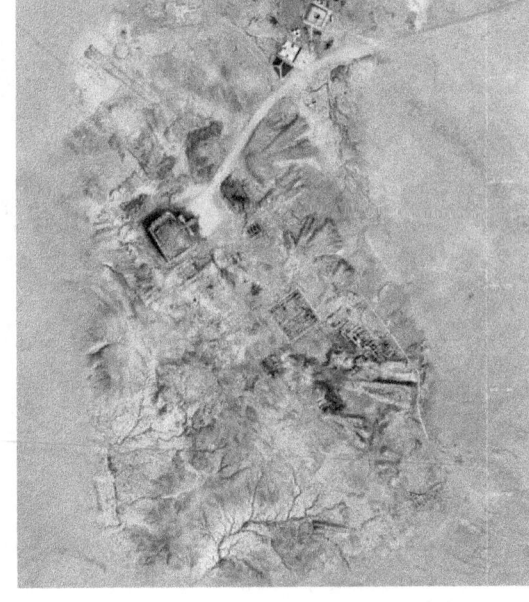

*L'ortofoto del sito di UR,
realizzata con sistema ad ala
fissa FlyGeo della FlyTop di
Roma (Iraq 2014).*

Documentazione tecnica infrastrutture ed edilizia

Il paradigma che cambia nel campo delle ispezioni delle infrastrutture, quindi della documentazione e dei controlli in edilizia, è quello dei costi e della velocizzazione delle operazioni.

L'uso dei droni per il controllo dei grattacieli diventerà nel tempo un lavoro di routine.

NYC Engineering Construction Photography - Building Noted On History Channel - Empire State Building Behind.

Se parliamo di infrastrutture complesse come viadotti, ciminiere industriali, ma anche tetti e altre strutture come ponti e dighe, l'uso dei sistemi UAV pilotati in modalità FPV (a vista) non ha eguale per costi e facilità di esecuzione. Immaginare una qualsiasi procedura di controllo a vista per questo tipo di manufatti implica l'impiego di immense gru o piattaforme mobili che richiedono budget milionari solo per il noleggio. Inoltre, tali piattaforme il più delle volte esigono spazi operativi che vanno prepararti ad hoc, e spesso è necessario pagare l'occupazione di suolo pubblico o noleggiare uno spazio privato.

È chiaro che la facilità operativa del mappare superfici ed elementi di una infrastruttura attraverso la documentazione video e con mappe 3D o termiche, apre spazi operativi inimmaginabili fino a poco tempo fa.

Un cantiere in piena città può essere monitorato, verificato e supportato da sistemi UAV che permettono di effettuare rilievi e controlli anche di tipo avanzato.

Doka Scaffolding Tight Angle

Per operare come fa SkyCamUsa è necessario possedere chiaramente dei sistemi UAV multirotore, dotati di adeguati payload e della giusta robustezza. Ispezionare un grattacielo o fare un video promozionale per scopi immobiliari sono applicazioni che fanno parte della stessa categoria di attività e implicano la volontà di trarre benefit dalle tecnologie aprendosi ad integrazioni nelle nostre potenziali visioni.

SkyCamUsa mette insieme un serie di attività per chi si avvicina alla tecnologia degli UAV, che a detta di molti cambierà il mondo.

www.skycamusa.com/infrastructure_aerial_inspection.shtml

Almeno 8 dei settori delle infrastrutture e industriali in cui gli UAV dimostreranno tutte le loro potenzialità.

Rilievi cartografici e catastali

L'uso dei sistemi UAV nel campo dei rilievi cartografici e catastali è una delle applicazioni più tradizionali nell'ambito della geomatica.

Senza sbilanciarsi troppo sulle sperimentazioni e sull'impiego in tale settore in Italia, siamo andati ad indagare cosa fa il famoso ETH di Zurigo, Svizzera, estraendo queste informazioni dalla prima conferenza sull'uso dei sistemi UAV tenutasi appunto a Zurigo già nel 2011.

Rappresentazione altimetrico-catastale.

In sostanza, sono stati messi a confronto i metodi tradizionali e quelli avanzati di pseudo-fotogrammetria o fotogrammetria di nuova generazione, che grazie agli UAV è facilmente implementabile allo stato attuale. I test sono stati condotti su due diversi siti, in maniera tale da verificare le peculiarità specifiche di ogni caso applicativo.

Rilevare un terreno in montagna è completamente diverso dal rilevare un aggregato urbano in pianura. Ma sono diverse anche le precisioni possibili in funzione delle condizioni operative.

In ambito catastale vero e proprio, le precisioni nominali dei rilievi possono raggiungere anche i pochi centimetri, mentre nel rilievo con UAV le precisioni dipendono da una catena di variabili non proprio facili da gestire. Ma il prodotto finale punta al futuro, ovvero verso il catasto 3D, che aggiunge una dimensione ai sistemi informativi geografici. E il mondo del 3D è strettamente legato ai sistemi UAV grazie ai quali, con poco lavoro, è possibile realizzare anche modelli di ampi isolati urbani, sempre che questo interessi qualcuno, in attesa che i tanto agognati **3D City Models** diventino una realtà. L'uso dei sistemi UAV per il rilievo catastale impone quindi altre regole e altri scenari, informazioni che si differenziano dal rilievo tradizionale, ma che aggiungono un milione di altre informazioni di qualità, attraverso i modelli 3D foto-realistici, misurabili a diversi gradi di precisione. Insomma, il futuro del catasto 3D è qui dietro l'angolo, e gli UAV daranno un grande supporto.

http://www.geometh.ethz.ch/uav_g/proceedings/manyoky

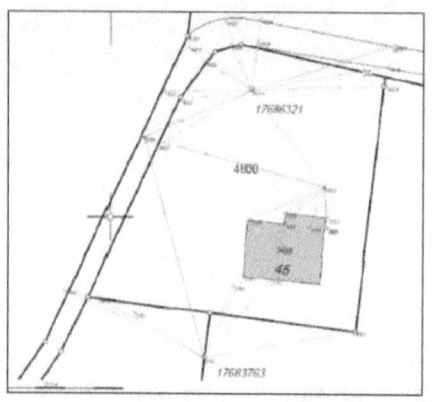

Rappresentazione catastale.

I 3D City Models stanno anticipando il catasto 3D.

Gestire la sicurezza con i sistemi UAV

La sicurezza ha molte facce e una di queste è rappresentata dai sistemi autonomi di rilievo e cattura delle informazioni, che tradotto in termini pratici vuol dire tutti i sistemi RPV e gli UAV in modo specifico. Ma i sistemi RPV devono essere pensati non solo per la sorveglianza e la cattura delle informazioni, ma anche per eventuali interventi, come nel caso di sistemi armati, cosa di cui la maggior parte degli eserciti si sta dotando. Ma la sicurezza è un settore che spazia enormemente in termini di necessità e non è dunque facile individuare un solo sistema, una sola applicazione. Quindi in questa sezione parleremo di sicurezza come aspetto globale per la sicurezza nazionale degli USA e non solo.

I sistemi UAV militari sembrano sistemi del futuro e somigliano spesso a fantascientifici oggetti come gli UFO che già negli anni '70 venivano sperimentati dal DARPA americano.

I sistemi UAV per la sicurezza devono avere caratteristiche precise e adattabili agli scenari militari e di contrasto al terrorismo quali:

- *Persistenza* - i sistemi UAV devono avere l'abilità di poter operare in modalità *loiter* su un'area specifica per un periodo anche esteso, acquisendo dati e informazioni con la possibilità per l'utente di visualizzare in tempo reale le informazioni ed eventualmente attivare un sistema di offesa.

- *Precisione* - nelle applicazioni militari i sensori a bordo di un sistema UAV devono permettere un livello di precisione metrica del puntamento insuperabile, quindi la possibilità di puntare al target senza la necessità di avere forze sul campo di battaglia.

- *Sicurezza delle Operazioni* - stante la possibilità di operare anche su distanze importanti e con tempi di volo anche lunghi, con i sistemi UAV si deve operare in sicurezza anche durante operazioni critiche in cui sono coinvolte squadre di uomini.

- *Protezione delle forze in campo* - i sistemi UAV devono permettere di eseguire operazioni di copertura delle squadre sul campo o anche interventi in aree altrimenti impossibili da raggiungere dal punto di vista operativo.

- *Protezione di visibilità* - fino ad oggi era facile intercettare sistemi UAV con sofisticati sistemi di protezione aerea. Molti sistemi attualmente in sviluppo sono di dimensioni ridottissime e possono volare a quote molto elevate, in maniera tale da diventare praticamente impossibili da intercettare.

Il sistema Taranis in uso alle forze armate inglesi.

L'uso dei sistemi UAV non si ferma però al supporto operativo delle squadre di intervento o agli interventi a distanza: l'esercito USA ha già sperimentato infatti diversissime attività che prevedono ad esempio l'uso degli UAV per il trasporto di mezzi sul campo, oppure per il supporto medico e il trasporto di feriti. L'uso dei sistemi UAV è poi indicato laddove l'ambiente diventi ostile agli umani, come nel caso di esplosioni nucleari o attacchi con armi chimiche e batteriologiche.

http://www.stimson.org/programs/Drones-UnmannedAerialVehicles/

Uno dei sistemi in dotazione all'esercito USA.

Agricoltura di precisione

L'uso dei sistemi UAV nel settore dell'agricoltura rappresenta uno dei mercati più naturali per l'evoluzione tecnologica della robotica e quindi dei sistemi a controllo remoto in volo o a terra.

Agribotix, azienda australiana, sembra averne fatto la sua bandiera principale, insieme ai servizi per l'agricoltura basati appunto sulla mappatura delle colture mediante l'uso di sensori portati in volo con i sistemi UAV.

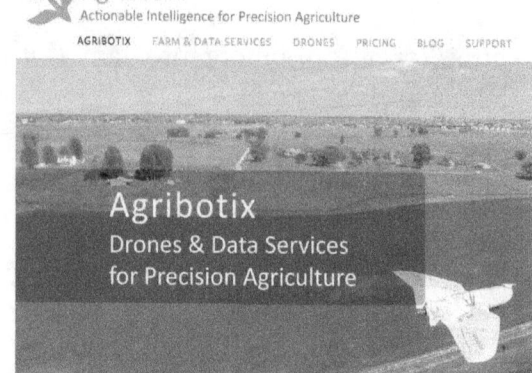

In agricoltura i sistemi UAV possono rappresentare un punto cruciale della cosiddetta agricoltura di precisione.

La particolarità di Agribotix è quella di supportare i clienti con un servizio a 360 gradi, che va dalla vendita dei sistemi alla elaborazione dei dati attraverso un service via web, che comprende l'analisi degli stessi e la fornitura del prodotto finale; ma Agribotix è anche in grado di dare supporto a chi un drone lo ha in casa, attraverso un servizio ben definito e addirittura un marchio registrato (BYOD, Bring Your Own Drone): in questo caso basta andare sul web-portal di Agribotix e caricare le immagini rilevate con il sistema UAV impiegato, insieme ai log file forniti dal software di gestione.

Analisi in ambiente GIS o di Telerilevamento per l'agricoltura sono attività ormai all'ordine del giorno.

*Una mappa tematica
delle colture.*

L'offerta di Agribotix rappresenta quindi uno standard particolarmente adeguato a chi non vuole impegnarsi full time nella realtà operativa (che può essere già fortemente impegnativa se si gestisce in proprio anche la fase di post-precessing e analisi dei dati) e accetta di operare in proprio con questi nuovi sistemi. Ma la scelta dell'utente è dettata anche da altri parametri, quali il costo dei software e la specializzazione degli operatori. Da una parte infatti questi devono essere addestrati all'uso dei sistemi di volo (in termini di pianificazione e gestione della missione), dall'altra devono essere specializzati nell'uso e nella comprensione di un ampio spettro di tecniche quali il telerilevamentoo, la mappatura del suolo per l'acquisizione di dati GIS e l'interpretazione dei dati termici e delle risultanze bio-agronomiche.

*Un'acquisizione NIR
di colture a dimora.*

Più facile invece può essere la sola gestione del sistema di volo, che rimanda la parte di analisi dei dati e di estrazione dei parametri agrotecnici dal dataset rilevato; lavoro quest'ultimo che bisognerà effettuare a seconda dei casi, anche 4/5 volte l'anno per ogni coltura messa a dimora, oppure attraverso cicli continui di monitoraggio dei parametri come clorofilla, zuccheri, ecc.

Il mercato degli UAV per l'agricoltura è uno dei più ricchi in termini di servizi e potenzialità di consolidamento nel breve e medio termine. Ciò in relazione ad alcuni fattori determinanti, come il fatto che le aree agricole non sono quasi mai aree critiche di volo: ciò permette di operare spesso in deroga ad alcune limitazioni poste dalla normativa sull'uso dei sistemi APR.

http://agribotix.com

Due operatori Agribotix alla ricerca di una posizione per la rampa di lancio.

Mappatura delle foreste e dell'ambiente

La mappatura di boschi e foreste, così come quella dell'ambiente, senza scendere nei dettagli operativi, è un' attività tra le più caratteristiche effettuate con sistemi UAV anche di livello non troppo sofisticato. Infatti la problematica di per sé non riguarda la precisione bensì i sensori che vengono impiegati per definire e rilevare le caratteristiche della vegetazione con parametri essenziali come gli indici NDVI e simili. Per fare ciò è necessario impiegare camere ad hoc con la modifica CIR (Color InFrared) del sensore che registra i canali NIR, Red e Green. Le immagini catturate con queste tecnica permettono così di verificare lo stato di salute della vegetazione, così come gli effetti dei fertilizzanti e dell'irrigazione.

L'uso di camere CIR ottenuto modificando i filtri IR è un classico per gli operatori UAV del settore agroforestale.

La mappatura dei boschi e delle colture in genere può essere anche realizzata attraverso l'uso di camere multi o iperspettrali, che seguendo l'evoluzione dei sistemi UAV hanno ormai dimensioni ridotte con pesi al di sotto dei 1000 gr.

Volare con un sistema multirotore o con un UAV ad ala fissa non è più un problema: soprattutto in campo agricolo e forestale le aree non sono mai critiche quindi è più facile volare con i sistemi UAV.

Uno degli applicativi di EnsoMOSAIC è progettato ad hoc per questa tipologia di applicazioni: tra le varie funzionalità ha quella di ricostruire i modelli 3D realizzati con voli da UAV normalmente a quote 150-200 m, con una risoluzione a terra di circa 5cm. Da tali set di dati vengono poi generate nuvole di punti XYZ con cui generare

DTM e DSM, attraverso cui calcolare i volumi relativi ed utili alla determinazione delle masse legnose e quindi la produzione dell'area boschiva.

http://www.mosaicmill.com/applications/appli_forestry.html

La riduzione in peso e volume delle camere iperspettrali ben si sposa con l'avvento dei sistemi UAV.

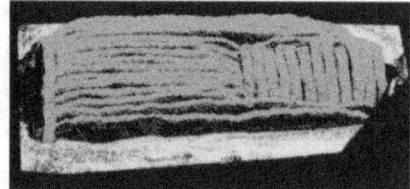

Il calcolo dei volumi di disboscamento è uno dei problemi da affrontare per le industrie del legno e per chi si occupa della pianificazione forestale.

La camera iperspettrale Rikola è una delle ultime nate appositamente per sistemi UAV.

Contrastare il bracconaggio del parco Kruger con i sistemi UAV

Una gara a chi fa meglio, un concorso per chi propone un sistema UAV per lo studio e la salvaguardia degli animali della savana da sempre e ancora oggi sotto la minaccia dei bracconieri. Questo progetto ha stimolato una nutrita schiera di gruppi di interesse intorno al tema dei droni per l'ambiente e la salvaguardia degli animali della savana come rinoceronti, elefanti e altri ancora.

Il team australiano con la loro proposta.

I premi messi in palio erano abbastanza allettanti, trattandosi di 65 mila dollari per i primi tre classificati e di 10 giorni di viaggio in uno dei più famosi parchi naturali del Sudafrica. Ma al di là del premio, è la sfida tecnologica e umana quella più importante, visto che l'obiettivo è combattere il bracconaggio e salvaguardare gli animali, mettendo a punto le tecnologie innovative e migliori che si possano immaginare.

La gara è disegnare un UAV che possa monitorare dall'alto per ore e ore il parco, individuando i bracconieri e segnalando la loro posizione. Il sistema deve essere in grado di cambiare la sua rotta e di analizzare in tempo reale i dati della missione, il tutto per un costo che non deve superare i 3000 dollari.

Il team olandese in azione sul campo.

La competizione ha l'obbiettivo di stimolare il mondo dell'innovazione a livello globale, mentre dal punto di vista pratico il coinvolgimento sia di grandi aziende che del popolo dei makers, può cambiare il paradigma di lavorare con tecnologie a basso costo con stampati 3D e pc di nuova generazione come quelli a bordo dei telefonini per raggiungere un obbiettivo globale che aiuti la sopravvivenza delle specie a rischio. Con la tecnologia 4G dei telefonini è infatti semplice e immediato gestire video in tempo reale, così come con le stampanti 3D può essere facile stampare un modello di UAV che opportunamente integrato può fare la differenza nella lotta al bracconaggio.

Il team canadese.

Il concorso si è chiuso il 30 aprile 2015:su www.mygeo.it potrete scoprire chi ha vinto la sfida; intanto vale la pena analizzare la griglia dei punteggi che ci può far anche comprendere le varie caratteristiche richieste. I parametri di valutazione riguardano infatti le seguenti voci: *Aircraft, Avionics, Communications, Costs, Embedded Systems, Risks.*

Il progetto wcUAVc è promosso dalla Kashmir Robotics, la divisione tecnologica della Kashmir World Foundation, un'organizzazione non-profit nata nel 2008.

http://www.wcuavc.com/

Il nutrito team degli Stati Uniti in posa con il loro modello.

Mappe di maturazione dei vigneti

L'agricoltura torna ancora una volta in primo piano con le nuove tecnologie rappresentate dagli UAV. La cosiddetta agricoltura di precisione o agricoltura intelligente è un settore già attivo nel settore del mapping GIS, ma oggi, con le potenzialità dei sistemi UAV, il suo sviluppo può essere ancora più positivo.

Una delle applicazioni più interessanti è legata alla produzione viticola; tra le aziende attive in questo settore la 3D Robotics è senz'altro quella che ha i numeri per sviluppare sistemi ad hoc per queste applicazioni, essendo anche quella che ha dato il là al mondo dei droni con la più diffusa piattaforma open source del settore, ovvero la famosissima ARDUPILOT.

Pronti al lancio per scoprire le zone del vigneto già mature per la vendemmia.

L'unione tra il mondo di 3D Robotics e quello della Kunde Family Vineyards ha prodotto un'esperienza sul campo che si proponeva di valutare il grado di maturazione dei vigneti, quindi il miglior strumento per decidere quando effettuare la vendemmia.

Senza scomodare tecniche avanzate di analisi basate sull'uso di camere termiche o sull'uso di camere iperspettrali - che darebbero un effettivo supporto quasi analitico sullo stato di maturazione dei filari - ci si è accontentati di avere delle immagini localizzate con il GPS e sulla scorta dell'analisi del semplice colore si è decisa la strategia per effettuare una vendemmia che tenesse conto del grado di maturazione dei filari.

Qui si produce uno dei vini californiani che troviamo nei nostri supermercati.

Non che questa tecnica non venisse già usata dai vignaioli della California, ma realizzare questa operazione con un sistema UAV invece che con un elicottero o con un ultraleggero è tutta un'altra storia, più semplice e immediata. E sopratutto meno costosa.

http://3drobotics.com/2013/10/drones-wine-how-uavs-can-help-farmers-harvest-grapes/

Il sistema IRIS della 3D Robotics con opportuna modifica della camera CIR per la mappature dei vigneti.

Sistema di supporto all'agricoltura

Il mondo dell'agricoltura beneficerà in maniera eccezionale di tutte le applicazioni legate al nascente settore degli UAV, ma anche e sopratutto del diffondersi dei sistemi robotici FPV. In molti ambiti: per la mappatura delle colture e dell'ambiente in generale e, in maniera più attiva, per la distribuzione dei trattamenti spray a terra, per l'irrigazione ecc.

Controllare vaste coltivazioni è sempre un problema, e con un UAV è invece solo una questione di volare qualche ora a settimana.

Le attività che già fanno parte integrante del settore comunemente chiamato *precision farming* o agricoltura di precisione saranno potenziate e integrate nelle piattaforme GIS di gestione delle mille informazioni necessarie in agricoltura, mentre la gestione dei mezzi sarà integrata da sistemi di navigazione programmata di apparati UAV I metodi di analisi dello stato di salute, del grado di maturazione o di sofferenza delle colture vegetali, è in ogni caso alla portata di tutti e la tecnologia di base viene impiegata già da molte aziende.

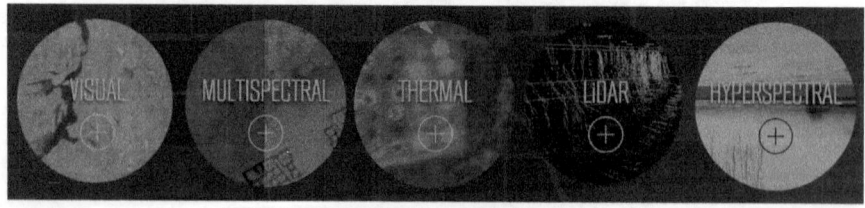

I canali informativi per l'agricoltura non prescindono dai sensori nella banda Visiva, Multispettrale, Termica, Lidar e Iperspettrale.

Il tecnico agronomo accrescerà le sue competenze, e oltre a dover conoscere il mondo del GPS e del GIS, aggiungerà la possibilità di far volare un UAV multirotore o ad ala fissa, e nel giro di una giornata potrà restituire le informazioni necessarie anche ai controlli di routine o di inizio e fine stagione.

È ciò che fa la *Precision Hawk* con la sua piattaforma LANCASTER, che seleziona la piattaforma di volo, i sensori, e mette a disposizione servizi di DATAMAPPER per la riduzione dei dati, che infine i diversi prodotti GIS compilano. 3D Terrain Mapping, Weed Detection, Plant counting, Canopy cover, Crop Health Indexes, Season Monitoring, sono tutte soluzioni tagliate sulle esigenze dei clienti. Con sede negli USA, Canada e India, la Precision Hawk sta dimostrando ancora una volta, come le piattaforme UAV stiano creando enormi opportunità operative nel settore dell'agricoltura e dell'ambiente. Come mai si sarebbe immaginato qualche anno fa.

http://precisionhawk.com/

Una mappa di analisi delle colture.

Mappatura di cave, miniere e movimento terra

L'era del rilievo del movimento terra, delle cave o di tute le altre situazioni in cui è necessario coprire in breve tempo una grande superficie è cominciato già con il laser scanner che, anche se con portate medie di 300 metri, riusciva a garantire una significativa compressione dei tempi produttivi.

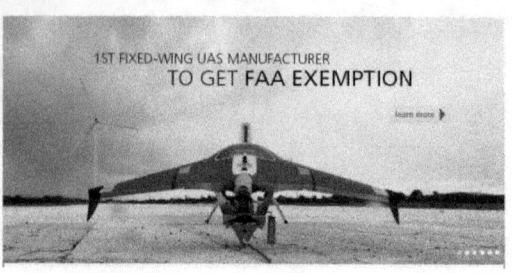

Il sistema X5 della Trimble, già in commercio nel 2010 con la belga Gatewing che lo progettò e commercializzò in prima battuta.

Con l'avvento dei sistemi UAV, questo risultato è migliorato decisamente: quasi nel 90% dei casi i primi produttori di sistemi professionali per il mondo del surveying territoriale, usavano questo *case application* come argomento di vendita.

È il caso di Gatewing, primo tra i produttori di sistemi UAV professionali, poi inglobato nella multinazionale Trimble. Così come con le prime applicazioni sviluppate in casa dalle prime aziende che hanno promosso l'avvento degli UAV professionali come Menci Software.

I sistemi FlyGeo 24Mpx e FlySmart rappresentano il miglior prodotto nel rapporto prezzo/prestazioni tra i prodotti italiani.

Aerial Mapping

UAV Drone Mapping

Menci software è stata tra le prime aziende italiane a promuovere l'uso degli UAV in fotogrammetria.

Le applicazioni su cave, movimento terra, controllo e gestione di grandi cantieri, rappresentano la mission operativa di neonate aziende italiane fornitrici di soluzioni UAV come Flytop. L'uso dei sistemi UAV in questo settore presenta notevoli potenzialità e ogni ufficio tecnico di chi gestisce cave, movimento terra, ecc., dovrebbe dotarsene, vista la facilità con cui è possibile operare con i sistemi oggi già disponibili sul mercato.

Ma cosa si può fare con droni e affini nel settore delle cave, delle miniere a cielo aperto e del movimento terra? È presto detto, sopratutto con i sistemi UAV multirotore, che sono dotati di una straordinaria maneggevolezza e affidabilità: con essi è facile realizzare sia documentazione generica con sorvolo in tutte le direzioni che realizzare cosiddette "quantitative survey", ovvero documentare i volumi di scavo, effettuando riprese dell'area di estrazione e confrontando i DTM generati con una precedente situazione temporale. In sostanza, effettuando le riprese dell'area di indagine, si realizza il primo DTM all'apertura del cantiere, e a cadenza regolare o alla bisogna, si effettua il rilievo della medesima area. In maniera tale da poter effettuare un nuovo calcolo del DTM e quindi, in maniera automatica o semiautomatica, eseguire il calcolo dei volumi di scavo e/o di riporto con i diversi metodi. Tra i metodi possibili esiste quello classico per sezioni comparate, oppure quello che prevede la semplice definizione delle aree di valutazione dei volumi. Allo stesso modo vengono trattati la gestione dei cantieri delle infrastrutture di strade, ferrovie e, laddove gli stati di avanzamento dei lavori sono spesso legati al movimento terra, la realizzazione di opere provvisionali di sistemazione di argini, paratie di grandi estensioni, o anche semplicemente di viadotti e gallerie.

Le sole avvertenze riguardano l'impiego degli UAV negli ambienti al chiuso, dove l'uso di questi sistemi è ad oggi completamente affidato al pilotaggio a vista: qui le capacità dell'operatore non possono essere assistite da stazioni di pilotaggio automatizzate come all'aperto, dove il GPS permette di operare in modalità automatica e controllata.

www.gatewing.com
www.menci.com
www.flytop.it
www.landandmineralsconsulting.com

UAV e GIS, un duo emergente

Lavorare con gli UAV per il GIS vuol dire innanzitutto lavorare in coordinate GPS, cosicché la georeferenziazione delle immagini o dei sensori a bordo sia precisa, in tempo reale e ben orientata rispetto al sistema adottato nella base cartografica o nel datum di riferimento del GIS di base.

Il GIS è una delle tecnologie che beneficerà dei sistemi UAV.

Ma cosa può produrre un drone per un GIS? Di tutto e di più in funzione del tipo di GIS e del tipo di fase di *updating* delle banche dati territoriali. Infatti un sistema GIS è in genere popolato di informazioni cartografiche, di informazioni topologiche e di banche dati georeferenziate.

Con l'uso dei sistemi UAV è facile tenere aggiornate le banche dati territoriali, ma più facilmente tenere aggiornata la cartografia, il catasto, lo stato dell'ambiente e aggiungere sicuramente informazioni mai pensate prima, come la video documentazione (immagini e video georeferenziati), oppure i sistemi avanzati di modellazione 3D, che permettono sia la georeferenziazione dei dati che la realizzazione di modelli 3D in alta definizione in parte navigabili o utili a riprodurre panorami virtuali del territorio.

L'uso dei sistemi UAV nel settore dei GIS sta salendo alla ribalta, come testimonia la Fligthline Geographics nata appena nel 2014 come divisione della più vecchia Waypoint Mapping, da molti anni nella sfera di influenza di ESRI, importante azienda che da più di 40 anni porta la bandiera del GIS in giro per il mondo.

I modelli 3D vengono inseriti nel contesto GIS di un geodata set.

Gli utenti del GIS hanno sempre desiderato più precisione e maggiore velocità di aggiornamento dei dati, e con le tecnologie degli UAV tutto questo può diventare realtà.

Un GIS è fatto di informazioni digitali possibilmente aggiornate, e i sistemi UAV rispondono all'esigenza degli utenti di acquisire queste informazioni quando e come si vuole, riducendo al minimo i tempi di attesa e di elaborazione dei dati. Il mapping GIS diventa così un processo in grado di aggiornare le informazioni effettivamente *on demand,* con operatori sul campo che attraverso *handheld* GPS verificano le informazioni e i sistemi di mapping aereo che permettono di aggiornare la visione globale del territorio, in un unicum georeferenziato e allineato come valore temporale del dato.

http://flightlinegeographics.com/

Supporto ad operazioni di criminologia operativa

Le attività di ricerca e soccorso possono beneficiare fortemente dell'uso di sistemi UAV, a cominciare dalla mappatura del territorio in cui sono disperse le vittime. I sistemi di ricerca e soccorso sono progettati tenendo in conto le diverse peculiarità del sistema UAV, ovvero le diverse caratteristiche che entrano in gioco nelle fasi operative di una missione di ricerca e soccorso.

Uno scenario normale di supporto alla ricerca di persone e gruppi di offesa.

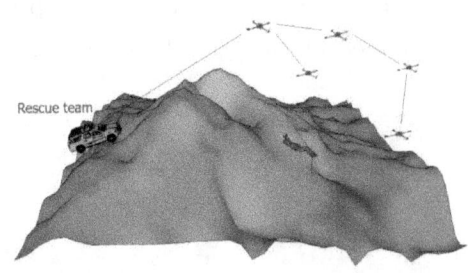

La qualità dei sensori e dei dati raccolti, la durata delle batterie e quindi del volo, l'ambiente operativo e le condizioni atmosferiche, sono fattori che condizionano fortemente la gestione del sistema di ricerca, ed è per questo che diversi sono i progetti di messa a punto delle procedure e degli algoritmi di ottimizzazione del volo dei sistemi UAV in questo ambito applicativo.

La ricerca del percorso più breve e il monitoraggio costante dell'area di ricerca, ma anche i sensori portati a bordo possono fare la differenza.

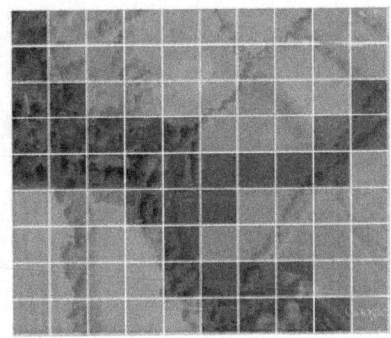

(a) Search area　　　　　　(b) Belief map

Operazioni GIS per le attività di ricerca e pianificazione dei voli.

Nella ricerca di siti frequentati, l'uso delle camere termiche rappresenta ad esempio una costante, così come l'uso dell'infrarosso o di altri sensori più evoluti come la misura del rumore ambientale, o ancora sistemi radar evoluti in grado di percepire dispositivi elettronici come smartphone. E ancora scanner in radiofrequenza per individuare eventuali sistemi di comunicazione o simulare nodi di comunicazione GSM e wifi. L'uso più comune di un sistema UAV è quello di intelligence sul campo, oppure come *extender o tethered operations* in campo militare o diverso.

https://www.cs.ox.ac.uk/files/3198/submission_waharte.pdf

(a) Hummingbird   (b) Pelican   (c) Falcon

Tre sistemi multirotori impiegati nella messa a punto di procedure di ricerca e soccorso.

Applicazioni industriali Oil & Gas

Uno dei settori ad alto rendimento ed efficienza per i sistemi UAV è rappresentato dall'industria petrolchimica, nello specifico quella del petrolio, sopratutto per attività di ispezione e manutenzione costante delle pipeline.

Le ispezioni ed il controllo negli impianti di trasformazione del ciclo degli idrocarburi è vitale, ed è una delle applicazioni innovative degli UAV.

Con i sistemi UAV è possibile effettuare ispezioni programmate su segmenti della rete, anche per tratti di alcuni chilometri - realizzando una documentazione inconfutabile -, magari dotando il sistema di un camera termica per individuare perdite dovute a furti di greggio, oppure dovute ad altri fattori come la rottura o usura delle condutture.

In un processo di automazione della gestione delle linee di volo, una semplice procedura di analisi attraverso la tecnica del *change detection*, potrebbe automatizzare alcune fasi di individuazione delle criticità.

Ispezione delle ciminiere con immagini in alta risoluzione.

In campo petrolchimico con i sistemi UAV è possibile eseguire ispezioni visive e analitiche delle ciminiere analizzando i composti chimici in fuoriuscita, oppure eseguire la normale manutenzione (anche di natura strutturale), attraverso analisi tradizionale di tipo visivo, o avanzate come quelle termiche e multispettrali. Nel supporto alle piattaforme di estrazione, i sistemi UAV si dimostrano un mezzo efficiente per il *delivery* di piccoli carichi come corrispondenza, medicinali, pezzi di ricambio o altro, in un processo che può in parte essere automatizzato e demandato alla regia di un operatore unico, anche per più location disperse lungo le coste prospicienti l'area di estrazione.

Strutture complesse come le piattaforme di estrazione, hanno una necessità continua di ispezioni e manutenzione.

Diverse sono già le aziende che hanno puntato sui sistemi UAV, e diverse nel tempo potranno essere le applicazioni possibili, man mano che la tecnologia si consoliderà come sicura e facile da impiegare.

http://www.thecyberhawk.com/about/

Usare gli UAV a supporto dei Vigili del Fuoco

Come in tutte le operazioni di supporto in situazioni di emergenza, i sistemi UAV così come i sistemi robotici risultano di fortissimo aiuto all'intervento delle squadre di soccorso.

Una scena tipica di disastro urbano, dove è di primaria importanza avere un quadro generale della scena dell'intervento. Con una ripresa da UAV è facile avere un'idea anche a distanza.

Innanzitutto, un sistema UAV in grado di volare e di rimanere in posizione di hovering permette di avere una visione dall'alto omogenea e unica, in maniera tale da poter pianificare e verificare visivamente gli interventi possibili nel caso in esame.

Sono diverse le tecnologie di ausilio all'operatività di squadre di intervento, a cominciare dalla comunicazione visiva, che un sistema UAV può inviare magari in modalità broadcast a tutta la squadra operativa che sta effettuando l'intervento di soccorso; o, ancora, il supporto durante la pianificazione dell'intervento, oppure per l'utente in difficoltà che così potrebbe facilmente avere un sistema di comunicazione con i suoi soccorritori. Non si parla qui delle fasi di ricerca e soccorso, ma di quelle vere e proprie dell'intervento di squadre di vigili del fuoco.

L'innovativo sistema AGC che diventa un vero e proprio serbatoio volante, da impiegare in scenari di incendi di dimensioni importanti.

I sistemi UAV di prossima generazione per la *cargo technology o ATV (Automated Transfer Vehicle)*, come in l'agricoltura saranno in grado di trasportare quantità importanti di sostanze chimiche per irrorare la scena o i *path* di intervento.

Stazione di gestione di una missione UAV.

I sistemi UAV a pilotaggio remoto in FPV già oggi sono in grado di sostituire la flotta antincendio, quei canadair che oggi hanno un costo di gestione milionario e che potrebbero essere sostituiti da sistemi regionali o locali con un abbattimento dei costi significativo.

Ma i sistemi UAV sono in grado di portare anche carichi ad hoc per contrastare ad esempio gli incendi, ed essere rilasciati a precise coordinate, così come ha testato in Spagna la Nitrofirex, che ha ottenuto una certificazione globale per questo tipo di veicolo chiamato AGC (Autonomous Gliding Containers).

http://www.nitrofirex.com/

La lotta agli incendi può avvantaggiarsi della tecnologia degli UAV in molti modi.

Riprese video, cinema e documentari

Il mondo del cinema e delle produzioni video (ad ogni livello) possono essere annoverati come i migliori settori in termini di benefit ottenuti dall'impiego della tecnologia UAV.

Ormai da alcuni anni è facile vedere riprese video aeree per tutte le tipologie di format.

Realizzare delle riprese da un punto di vista diverso che da terra, per il cinema, il documentario e ogni genere di video è sempre stato difficile: i costi relativi al noleggio di un aereo o di un elicottero richiedevano budget per pochi fortunati filmmaker.

I droni per riprese video professionali rappresentano una delle prime applicazioni del mercato.

Con droni anche di livello non troppo professionale è oggi possibile eseguire facilmente riprese aeree di livello molto alto: come ad esempio con gli ultimi sistemi che stanno andando sul mercato, l'INSPIRE 1 della DJ Innovation o il Bebop della Parrot, che potrà diventare il *range extender* video di ogni giornalista del futuro, avendo come caratteristiche il miglior rapporto prestazioni/prezzo al momento.

Riprese video dall'alto senza problemi con gli UAV, anche per budget da comuni mortali.

Le qualità operative di questi giocattoli volanti, non sono quindi affatto da disprezzare: i loro sistemi Full HD stabilizzati sui tre assi, offrono infatti prestazioni video stabili inimmaginabili fino a qualche anno fa. Il settore delle riprese video sta quindi già vivendo l'influsso di questa nuova tecnologia, e quindi è quello che ne beneficerà di più nel breve termine.

http://www.eagleeyeaerial.com.au/

Il BeBop di Parrot può diventare il sistema portatile di ogni giornalista che deve riprendere un soggetto esterno della cronaca quotidiana. Ma anche per il professionista che deve fare velocemente un'ispezione su infrastrutture, fabbricati civili o impianti di energie rinnovabili.

Mappatura impianti fotovoltaici

Con l'avvento dei droni o dei sistemi UAV in generale, le possibili applicazioni di questi mezzi spaziano ovviamente nel campo delle energie rinnovabili che, in linea di massima, hanno grandi esigenze in termini di monitoraggio.

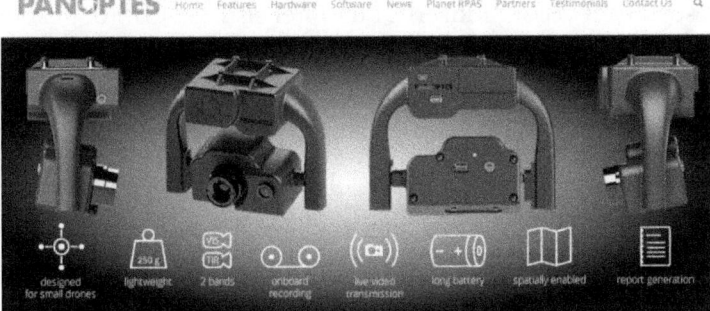

Il sistema di ripresa con la doppia camera, tradizionale e termica.

Nello specifico degli impianti fotovoltaici le necessità possono essere diverse in funzione degli obiettivi.

Innanzitutto è chiaro che dovendo progettare un impianto piccolo o grande che sia, è necessario avere come base un rilievo accurato in cui sia ben documentato lo stato dei luoghi.

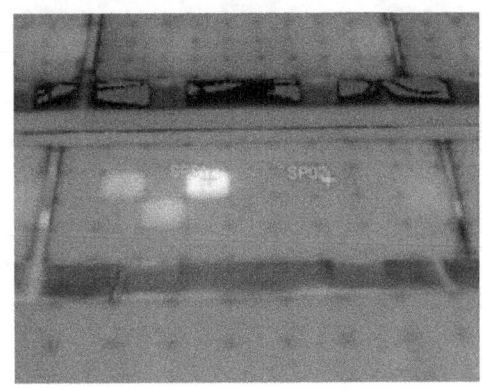

Mappatura dei pannelli FV con individuazione delle celle in fault.

Se mettiamo da parte le fasi progettuali, l'uso veramente proficuo dei sistemi UAV è rappresentato dal controllo di efficienza delle celle fotovoltaiche, ovvero il controllo delle stesse celle eseguito mediante sorvolo dell'impianto, integrando a bordo dell'UAV una camera termica e una camera tradizionale, per mezzo delle quali collocare, geospazialmente parlando, le scene all'infrarosso da cui desumere gli hotspot dei pannelli e quindi avviare la verifica sul campo per individuare le failure elettriche.

Una volta eseguito il volo - e inseriti i dati nel sistema GIS di gestione - si procede con il software di analisi all'individuazione delle celle che presentano problemi di dispersione, individuate attraverso l'analisi dei dati IR.

La componente software di analisi è chiaramente indipendente dal sistema di volo e di acquisizione dei dati; anche se alcune aziende hanno la tendenza a progettare sistemi in maniera poco modulare orientandosi più agli utenti finali, piuttosto che pensare agli integratori di sistemi o agli utenti che vogliono organizzarsi con software di analisi diversi - magari integrati nel contesto organizzativo di servizi cloud o condivisi con altri dipartimenti aziendali.

www.panoptes.it

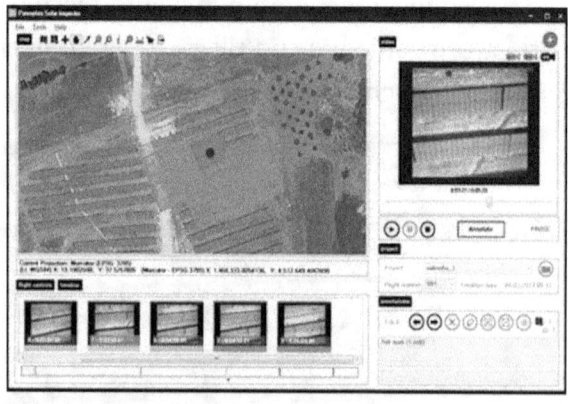

Il software di analisi per la gestione della mappatura e individuazione delle failure nelle celle le quali saranno successivamente verificate sul campo.

Progetto LOON

Uno dei progetti più fantasiosi (e interessanti allo stesso tempo), è quello che vede sistemi UAV ad ala fissa alimentati da pannelli solari e dotati di antenne adeguate assumere la funzione di Internet Hot Spot. Sono diversi i progetti di questo tipo, che in diverse situazioni possono risolvere gli aspetti della connettività internet per aree rurali isolate o distanti dalla rete. Il più noto è quello di Google intitolato "Loon, Balloon-Powered Internet For Everyone".

Il Ballon Loon prende il volo verso gli spazi infiniti.

Non si tratta di un vero e proprio progetto UAV, ma nelle sue tecnologie e modalità ne rappresenta in qualche modo l'evoluzione. Di applicazioni che impiegano i sistemi UAV per la copertura di reti WIFI si parla già tra gli addetti ai lavori: di fatto un sistema che sta in aria può benissimo dare una copertura comunicativa, sia essa WIFI o GSM o qualsiasi altra banda adeguata al tipo di situazione, alla stregua dei sistemi FPV che rimandano a terra facilmente le immagini riprese dalla telecamera del sistema di volo.

Preparativi al lancio.

Il progetto Loon va ben oltre questo: esso costituisce una rete di comunicazione ad oltre 20 chilometri di altezza, superando le fasce di volo di interesse commerciale, così come è evidente nelle immagini di questo paragrafo.

Il concetto di Loon in un disegno.

L'arte di far volare le mongolfiere è un'arte antica, e in parte con il progetto *Loon* ne viene proseguita la tradizione, ma in una veste fortemente tecnologica, senza lasciare nulla all'arte di volare in questa maniera strana, intelligente e sopratutto utile.

Le mongolfiere di Google volano nella stratosfera e formano degli anelli attorno al globo, e provvedono a portare internet a tutti in aree difficilmente accessibili.

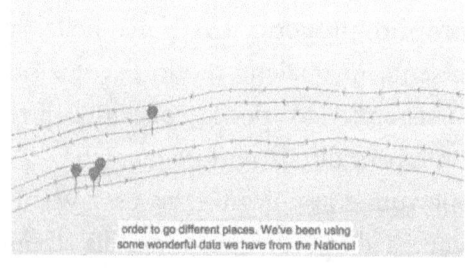

Le mongolfiere del Loon Project sfruttano le correnti

Le mongolfiere di Loon danzano nei venti della stratosfera, e usano le correnti alle diverse quote per muoversi lungo il globo, in una danza digitale coordinata attorno alla terra.

Il sistema di volo dei Loon Ballon è chiaramente di quelli avanzati e coordinati, ovvero un sistema in cui ogni mongolfiera sa dove sono le altre. Come è possibile muoversi tra venti in quota e la direzione delle masse d'aria? Ovviamente grazie a un modello digitale del vento accurato e fornito dal NOA americano.

Quota orbitale dei Ballon-loon.

Il sistema di volo delle mongolfiere è un affare complesso e affidato a diverse tecnologie e problematiche di stabilizzazione, ma anche di durata dell'involucro, e chiaramente degli apparati a bordo.

Ogni alba è un nuovo giorno, e tutti i giorni vengono controllati i valori dell'aria e della temperatura interna, e vengono così effettuate le manovre in quota, pompando o riducendo l'aria, cambiando la pressione interna.

Nel progetto Loon For All sono tantissime le idee, le tecnologie e gli obiettivi di cui varrebbe la pena parlare, ma vale la pena soffermarsi sugli aspetti legati alla passione per l'innovazione. Una energia che tra i vari membri del team e del management del progetto Loon deve essere al massimo, visto che Loon 4 All contribuisce in maniera forte e decisa a portare la tecnologia e la connettività in giro per il mondo, contribuendo non poco all'evoluzione della nostra era digitale.

Non resta che puntare il vostro mouse sul canale Youtube, e tuffarvi nella serie di video che vi porta per mano nell'affascinante progetto delle mongolfiere che mettono in comunicazione il mondo.

www.youtube.com/user/ProjectLoon

Sorvegliare gli uragani con Sirens Project

Il progetto Sirens nasce con il finanziamento dal basso, e riguarda lo sviluppo di un drone da impiegare nello studio dei tornado individuando le dinamiche e le eventuali contromosse necessarie a salvare vite umane, case, strade e il territorio ogni volta che si verifica un uragano.

Il team del progetto nella presentazione su Kickstarter.

Il progetto nasce sulle ali del sito di *crowdfunding* Kickstarter, e il team è composto da Warren, fondatore, ingegnere, entusiasta della meteorologia, che si occupa di social media, Brent, pilota di sistemi UAV, ingegnere, progettista e Nolan, ingegnere, progettista e flight designer, oltre che mago del software e dei computer.

Strumenti in campo per capire la forza del tornado.

Il sistema è progettato con una sorta di Black Box (scatola nera), in grado di sopravvivere anche alla perdita del drone, essendo dotato di GPS e unità GSM per essere localizzato in caso di perdita.

*Il team al lavoro
prima del volo.*

I valori relativi a pressione, temperatura, umidità e parametri di assetto, vengono registrati a bordo della Black Box insieme alle immagini di una videocamera, e copiate più volte al secondo su scheda SD.

L'uso dei droni per lo studio della biosfera, della meteorologia a tutti i livelli, è sicuramente un modo innovativo di procedere, e la tecnologia degli UAV permette di superare il limite dei vecchi palloni meteo, anche se il volo in alta quota richiede sistemi di volo e telemetrie di controllo più avanzate e professionali che non nei sistemi per uso locale.

https://www.kickstarter.com/projects/1517270439/the-sirens-project-uav-tornado-research?ref=category

Forma tipica di un tornado.

Sistema di mappatura 3D dei fondali marini

Il laboratorio LSIS (Laboratorio di Scienze dell'Informazione e dei Sistemi del CNRS di Marsiglia) nella persona di Pierre Drap, in collaborazione con la COMEX (Società specializzata nelle operazioni sottomarine di alta tecnologia) e SETP (Società di studi e lavori fotogrammetrici), ha sviluppato un sistema di acquisizione fotogrammetrica in alta definizione e in tempo reale, mettendolo a bordo di un sistema RPV (drone o robot) sottomarino.

Una immagine di un ritrovamento archeologico durante la mappatura dei fondali.

Il sistema, puramente fotogrammetrico, denominato *ROV 3D*, è basato sull'uso di due sistemi, di cui uno remoto. Il sistema di bordo controlla le funzioni di illuminazione e ripresa attraverso l'uso di tre telecamere opportunamente installate per resistere fino ad una profondità di 2000 metri circa, indipendenti e sincronizzate. Il sistema remotizzato in superficie è invece dedicato all'analisi in tempo reale di modelli 3D. La comunicazione tra il ROV e la base operativa sulla nave madre permette il calcolo 3D in tempo reale dell'area osservata dal ROV consentendo un percorso ottimale del robot e garantendo la completezza delle acquisizioni.

La missione di rilevamento è stata realizzata sul relitto di Cap Bénat 4, situato a 328 metri di profondità, al largo di Bormes-les-Mimosas (Francia meridionale), dalla nave oceanografica *Janus* della *COMEX*. Si tratta di un relitto, datato al II secolo A.C., di circa 15 metri di lunghezza con un carico di alcune centinaia di anfore Dressel 1A.

Il sistema rover impiegato permette di realizzare modelli 3D dei fondali, per una visione immersiva fruibile anche nei musei dei parchi marini francesi.

L'obiettivo del progetto è lo sviluppo di procedure d'automazione 3D dedicate all'ambiente subacqueo, attraverso l'utilizzo di sensori ottici, in grado di ricostruire siti sommersi con alta precisione in poche ore mentre una visualizzazione a bassa risoluzione è possibile in tempo reale. Il progetto, in questa fase, è dedicato all'archeologia subacquea ed alla biologia marina per offrire un accesso a siti sommersi profondi, sia agli esperti che al grande pubblico.

http://www.lsis.org/

Sistema di campionamento delle acque interne

Effettuare prelievi di campioni lungo un corso d'acqua, su un lago o in altre circostanze è attività importante e critica, soprattutto se si tratta di attività legata alle analisi di potabilità dell'acqua, o alla verifica periodica delle soglie degli inquinanti o dei parametri bio-ambientali.

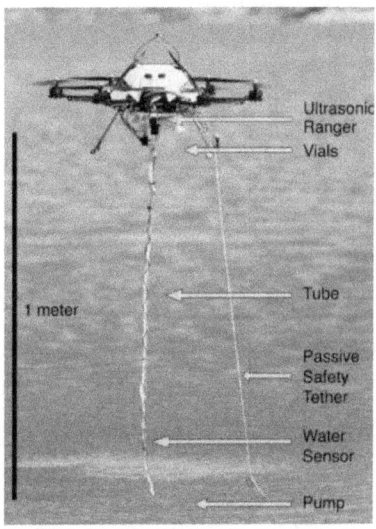

Schema del sistema di prelievo dei campioni di acqua.

La velocità di esecuzione di tali prelievi, così come la loro disposizione geografica, sono spesso fattori discriminanti per il successo della campagna di analisi delle acque, ed è per questo che un gruppo di ricerca sui droni della University of Nebraska, Lincoln (USA) si è appassionato alla realizzazione di un così complesso sistema che deve volare, abbassarsi a circa 1 metro dal pelo dell'acqua, e prendere un campione indisturbato di liquido. Il sistema è chiaramente un multirotore quadrimotore, che è in grado di volare come tutti i sistemi UAV, ma ha il vantaggio di volare sul pelo dell'acqua e fare hovering per prelevare il campione.

Il team di lavoro

Mettere insieme il sapere necessario è presto detto, ed è bastato mettere insieme tre dipartimenti universitari come il Computer Science and Engineering, la School of Natural Resource, e la Mechanical and Materials Engineering, e quindi il lavoro di John-Paul Ore, Sebastian Elbaum, Amy Burgin, Baoliang Zhao, Carrick Detweiler.

Uno dei modelli UAV usato per testare le procedure di campionamento.

Le caratteristiche del sistema sono riconducibili a tre aspetti principali in termini di funzionalità, ovvero:
- un meccanismo per prelevare tre campioni da 20 ml per missione di volo;
- sensori e algoritmi per una navigazione in sicurezza sopra il pelo dell'acqua a 1 m circa di altezza;
- il software necessario a gestire la missione di volo con i campionamenti, la navigazione del sistema e la gestione dei dati di campionamento.

Questo tipo di attività, in termini di ritorno dell'investimento, potrà dare sicura soddisfazione a chi decidesse di investirvi, essendo il problema delle analisi ambientali, e delle acque in particolare, una cosa sempre più sentita dagli ambientalisti e non solo.

http://nimbus.unl.edu/

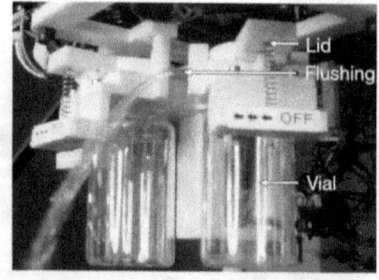

Il sistema di prelievo e storage dei campioni.

Monitoraggio marino, ocenografico e delle coste con sistemi UAV

L'uso di sistemi RPV in acqua è una tecnica impiegata da molti anni nelle ricerche oceanografiche, ma con l'avvento dei sistemi UAV le potenzialità aumentano in quanto per un certo tipo di applicazioni si può prevedere una velocità di esecuzione che forse non ha pari in termini di costi e velocità di realizzazione dei progetti. In questo caso, a mettere lo zampino su queste attività e sulla messa a punto di sistemi professionali avanzati, è nientemeno che l'ESA insieme all'EMSA (*European Maritime Safety Agency*).

Il sistema AR5 Life Ray Evolution impiegato nel progetto.

Il progetto RAPSODY intende infatti affrontare il tema della sorveglianza marina dell'Europa, ma anche quello della ricerca e del soccorso, così come la sorveglianza delle coste e delle questioni legate all'inquinamento, sia da olio o idrocarburi, come accade con la dispersione in mare da parte di petroliere e navi cisterna. L'estensione delle sperimentazioni non riguardano solo l'area del Mediterraneo ma anche l'Atlantico e il Mare del Nord. Queste nuove tecnologie e l'approccio al *bay watching* stimoleranno la messa a punto di un sistema adeguato e che è attualmente in fase di test: si stratta dell'AR5 Life Ray Evolution della TEKEVER, in grado di volare per 12 ore con un carico utile di 50kg.

Il progetto RAPSODY vede participare diversi partner di rilievo, tra cui il Bond Air Services (UK) che sarà responsabile delle operazioni, TEKER UK che penserà a gestire l'adattamento dei sensori al sistema AR5 e la revisione del software in grado di realizzare le attività di data fusion tra i dati dei diversi sensori. Infine la DSI Information Technik (Germania), responsabile per le attività di sicurezza dei dati nella loro trasmissione a terra.

Il sistema AR5 Life Ray Evolution si caratterizza per la possibilità di portare fino a 50 kg di payload, quindi per endurance di medio e lungo raggio (tra 8 e 12 ore), oltre alla possibilità di portare un payload di tipo Infrared, SAR, LIDAR, AIS o altri sistemi ad hoc e di livello professionale.

http://tekevernews.blogspot.it/2014/12/pioneering-tekever-unmanned-system.html

http://www.tekever.com/en/group/news/

La presentazione alla stampa del sistema AR5.

Flotte Autonome di Cargo Commerciali

Il progetto MUNIN fa riferimento al mondo dei droni naviganti, ovvero ai sistemi di navigazione assistita che possono creare una rivoluzione nei sistemi autonomi di trasporto. Si tratta un progetto finanziato dalla comunità europea, con un budget di 3.8 milioni di euro, il cui nome si rifà alla mitologia. Nella mitologia nordica, *"Munin è il corvo del dio Odino. Il suo nome significa "mente" in norvegese e viene inviato ogni mattina per volare in tutto il mondo. In serata, Munin ritorna tranquillamente dal suo padrone e offre le informazioni che ha raccolto indipendentemente durante il giorno".*

Il sito web del progetto.

Il progetto si prefigge lo scopo di mettere a punto la complessità di sistemi globali di gestione di questi *remote shipping drones,* che in futuro si configurano come delle vere e proprie flotte di servizi commerciali automatici. Le implicazioni sono enormi in termini di automazione dei sistemi di navigazione e controllo di assetto di queste enormi navi, ma che già sono dotate di *Decision Support Systems* (DDS) avanzati, di ausilio alla gestione della nave e alla navigazione vera e propria.

I diversi canali di comunicazione del sistema.

MUNIN si fonda sulla ricerca di una visione adeguata al mondo delle **Autonomous Ship**, che vengono definiti come "*Next generation modular control systems and communications technology [that] will enable wireless monitoring and control functions both on and off board. These will include advanced decision support systems to provide a capability to operate ships remotely under semi or fully autonomous control*".

http://www.unmanned-ship.org/

*Immagini suggestive dal mondo
dei cargo marittimi.*

AirDog, applicazione turistica, sportiva, ludica GoPro based

Il sistema Airdog è basato sulla funzione *Auto-Follow*, che in sostanza permette di seguire un target in wireless attraverso una sorta di telecomando. Il guinzaglio elettronico del drone permette che lui vi segua nelle vostre evoluzioni sul surf, sulla vela o sulla vostra bicicletta, o semplicemente nel vostro giro di jogging quotidiano, con tutte le implicazioni di un sistema in volo, che non deve avere ostacoli nella sua traiettoria di volo.

Il sistema AirDog viene venduto a poco più di mille dollari.

Non c'è dubbio che il progetto AirDog abbia avuto i migliori onori, anche all'ultimo CES 2015 dove ha avuto il Best Robot e il Drone Award.

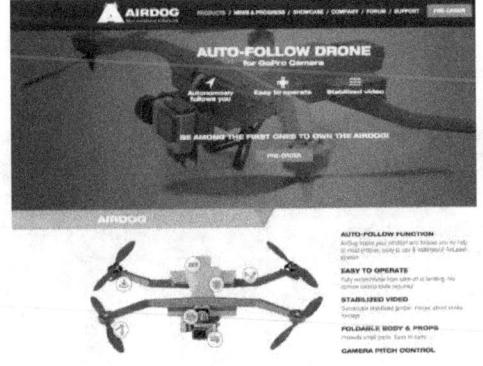

E' definito come Auto Follow Drone, con lo scopo preciso di seguire il proprio pilota.

AirDog è un sistema orientato agli action sports ma anche al turismo, ed esprime un bella idea di drone creativo, a partire dal design, per finire al marketing con un abbordabile prezzo di 1300$. Il sistema

AirDog è pensato intorno ad una action cam come la GoPro, la più blasonata, quella che si può dire ha aperto la strada a questo oggetto cult di sportivi e non. Un volo di 10-20 minuti in funzione di velocità, vento e altro, e una resistenza a 28 nodi di vento, per poco meno di 2 chili di peso, batterie e GoPro compresi.

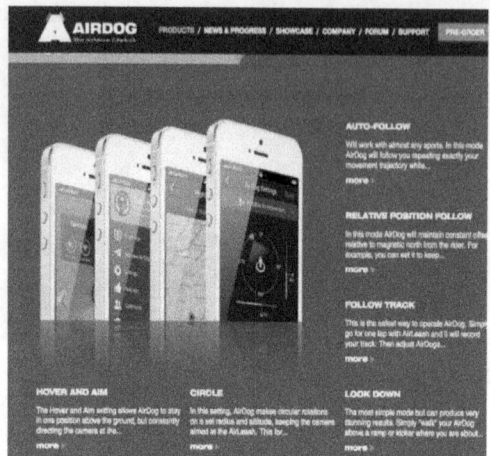

Applicazione chiaramente mobile su iOS e su Android.

AirDog è un progetto nato sulla via di Kickstarter, e ha restituito tutta la fiducia dei suoi 1.357 sostenitori e finanziatori, che il 26 luglio 2014 hanno permesso al progetto di raggiungere l'obbiettivo di ben 1.3 milioni di dollari, invece che i 200.000 chiesti dal team come base obiettivo minimo.

www.airdog.com

Il team di AirDog.

Il primo BeachBoat o Sand Art Robot

Il claim recita letteralmente *"Worlds first autonomous sand art robot"*, e si tratta sinceramente di un'idea fantasiosa e smart allo stesso tempo, categorizzabile assoultamente nella categoria *smart fun*. Il progetto nasce nella fucina delle idee dell'ETH di Zurigo, che con sistemi UAV simili ha già fatto altri goal.

Sand art con il BeachBoat.

Il BeachBot è lungo 60 cm e alto 40, per muoversi usa tre ruote assistite da motori elettrici. Il sistema è dotato di 7 sistemi indipendenti di servo attuatori, e si muove e disegna impiegando un sistema di mapping basato sulla scansione laser di target messi ai bordi delle aree di lavoro. Ciò che possiamo assimilare alla penna, è costituito da una conchiglia di alluminio, mentre un software trasforma i disegni in movimento, per il piacere degli utenti della spiaggia.

http://www.beachbot.ch/

Nixie, multirotore da polso

La fantasia produttiva legata ai droni non ha limiti e confini, e anche l'impossibile sembra possibile, come accade con il sistema NIXIE. Il progetto è nato nell'ambito della Make it Wearable Competition promossa nientemeno che da Intel. Nixie viene anche chiamato la *wearable camera* che vola. Il NIXIE a riposo diventa un braccialetto, e appena si attiva va in volo e si attiva nella modalità follow me, ovvero mettendosi a distanza adeguata e seguendo il target digitale che l'utente attiva sul proprio smartphone.

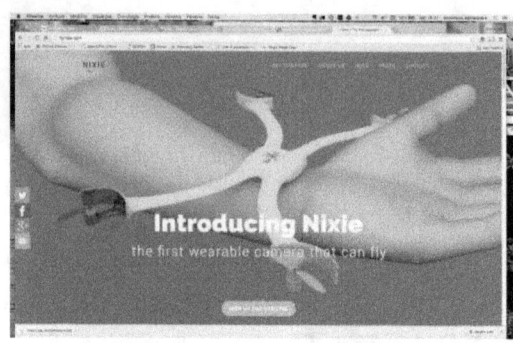

La fantasia non ha limiti sui gadget tecnologici, e Nixie fa parte di questa fantasia produttiva.

La modalità follow me è già conosciuta e impiegata su diversi sistemi, uno tra tutti il sistema AirDog, ma anche nelle soluzioni promosse da una delle aziende più attive, ovvero la 3D Robotics con il sistema Iris+.

Il progetto NIXIE è arrivato primo alla selezione di Intel, e ora ha a disposizione 500.000$ per iniziare a mettere in campo il progetto e realizzare il prodotto, entrando cosi nell'arena dei gadget hi end come i-Watch e Samsung Gear.

http://f lynixie.com/

I finalisti alla competizione di Intel sul Wearable IT.

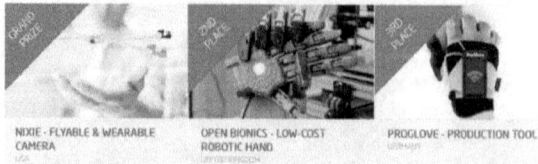

Piattaforma di sviluppo per Drones App

La diffusione dei droni ha portato con sé diverse novità e diverse piattaforme di sviluppo hardware/software. Tra queste ne è nata una non necessariamente orientata al funzionamento dei sistemi (ovvero che somigli ad Ardupilot e OpenPilot, sistemi di autopilota a bordo), o come Ground Control Station.

Decine le applicazioni possibili, ma forse non tante quanto da richiedere un marketplace di app per droni.

Nata in terra bulgara (Sofia), la piattaforma FlyVer sembra infatti più orientata allo sviluppo di applicazioni che a quella dei droni veri e propri, e quindi alla gestione del marketplace delle stesse, alla stregua degli shop di Apple e di Android.

La caratteristica della piattaforma FlyVer è quella di aprire le porte al market delle applicazioni per UAV, fornendo un kit di sviluppo basato sul frame DJI ARF Kit F450 per poco più di 200€, reso disponibile mediante il portale internet BaseCamp http://basecamp-shop.com/en/, e insieme a ciò anche la fornitura di un sistema SDK che dovrebbe permettere appunto lo sviluppo di applicazioni per i diversi domini applicativi.

Altra idea particolarmente geniale è l'uso di Android come ambiente di sviluppo, e la sostituzione dell'autopilota con un semplice telefonino che, di fatto, ha una potenza di calcolo ben superiore alla maggior parte degli autopiloti.

Partendo dal web di FlyVer abbiamo quindi la proposta di testare l'SDK su diverse applicazioni presenti nella sezione Drone Apps Gallery, ovvero: OBJECT AVOIDANCE, DRONE MAPPER, 3D WI-FI MAPPER, SPEAKER APP, DANCING DRONE, INDOOR MAPPER, EMOTIDRONES, LOOPS APP, LABIRINTO GAME, FOLLOW ME APP, SELFIE DRONE APP, ADVERTISING DRONE.

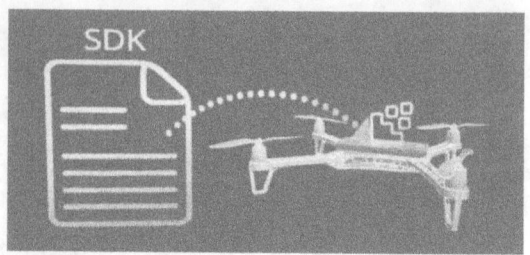

L'ambiente SDK è alla base dello sviluppo della piattaforma FlyVer.

Tutto ciò rappresenta chiaramente una proposta di sviluppo, e non dovete quindi aspettarvi un prodotto vero e proprio, ma solo una base utile a realizzare progetti diversi.

http://flyver.co/

Provare per credere con la versione beta di Flyver.

Il mercato delle APP è uno dei possibili sviluppi per i droni in applicazioni diffuse.

Un UAV anticollisione innovativo

Il sistema UAV della Flyability somiglia poco a un drone in senso stretto; supera però in potenzialità sia gli UAV che altri sistemi robotici, se si pensa al fatto che il sistema sembra quasi indistruttibile. Il suo grado di innovazione, gli ha permesso di vincere diversi premi.

Un sistema in grado di volare e orientarsi basando la verticale sui nano giroscopi, e con un algoritmo che gli permette di cercare sempre una via di fuga dagli ostacoli.

Il progetto viene da lontano, e precisamente dai laboratori del politecnico di Losanna EPFL. Il sistema chiamato "Gimball Drone" non nasce come nuovo progetto, visto che già nel 2011 il ministero della difesa giapponese aveva già presentato lo "spherical air vehicle", seguito poi dal Kyosho Space Ball e dal Puzzlebox Orbit nel 2012. Ma i ricercatori dello EPFL di Losanna, Przemyslaw Mariusz Kornatowski e Adrien Briod non si sono arresi, e hanno trovato la giusta strada per rendere utile un sistema di volo all'apparenza inutile.

Volare fino al limite.

Infatti con il sistema Gimball Drone è possibile seguire in maniera automatica i percorsi in cerca di ostacoli, visto che la novità più importante è proprio questa, ovvero che appena il sistema incontra un ostacolo si allontana dallo stesso, e quindi va alla ricerca di un'altra strada da seguire. Un modo impensabile per rilevare percorsi dove gli altri droni fallirebbero.

Gli autori del progetto Gimball Drone.

Gli insetti che volano infatti sono abbastanza bravi ad evitare gli ostacoli, ed è quello a cui si ispirano i ricercatori dell'EPFL, che per testare il prototipo del sistema stanno lavorando nelle foreste di pini di cui la Svizzera è piena. Così come gli altri *spherical flying robots,* anche il Gimball Drone è disegnato per operare dove gli altri droni non possono operare: il sistema ha delle enormi potenzialità nelle operazioni di ricerca e soccorso ed è dotato di camera, bussola e sistema di telecomunicazione.

Il sistema è stato presentato per la prima volta alla IREX conference tenutasi a Tokio dal 5 al 9 novembre 2013.

www.flyability.com

Dall'idea al progetto, e poi al mondo delle applicazioni possibili che diventa realtà con FlyAbility.

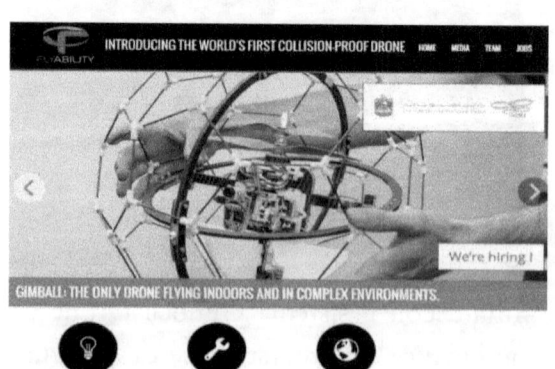

Multirotore autoassemblante

La fantasia progettuale, la creatività e la ricerca sono delle agorà senza confini in cui spaziano i giovani nerd della galassia occidentale e non, i cui limiti sono chiaramente legati solo ai costi e alla fattibilità di progetti a volte inverosimili.

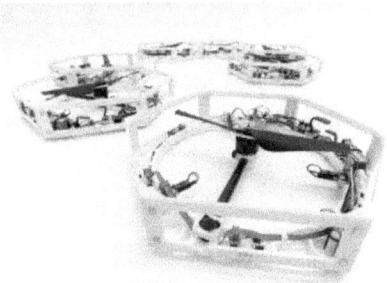

Alcuni moduli del DFA.

Da questo punto di vista, e in generale, i centri di ricerca della nostra invidiata Svizzera, rappresentano un fenomeno unico, e nel campo dei sistemi UAV non hanno nulla da invidiare della creatività tipica di paesi come USA e Canada, dove tutto ciò è un fenomeno quasi naturale. Questa lunga introduzione serve a presentare un progetto fantastico, ovvero un sistema di UAV multirotore in grado di auto assemblarsi per la formazione di flotte di sistemi, il tutto rigorosamente realizzato attraverso l'uso della nuova *fabrication technology*, ovvero delle stampanti 3D.

Un modulo singolo del sistema DFA

Il sistema definito come DFA (Distribuited Flight Array) è stato sviluppato dall'IDSC (Institute for Dynamic and System Control) di

105

Zurigo. Il sistema nasce da una ricerca portata avanti da alcuni studenti sotto l'egida di Maximilian Kriegleder e del Prof. Raffaello D'Andrea. Il percorso di crescita mette insieme il know-how e le competenze su diverse tecnologie, prime tra tutte quelle alla base dei nuovi paradigmi della *fabrication age*, della comunicazione e della cooperazione tra dispositivi e tecnologie. L'espressione "l'insieme è più grande delle singole parti", è alla base dell'idea progettuale, e infatti singolarmente ogni UAV è in grado di muoversi sulla terra, ma per volare i sistemi devono essere almeno 2 o 3.

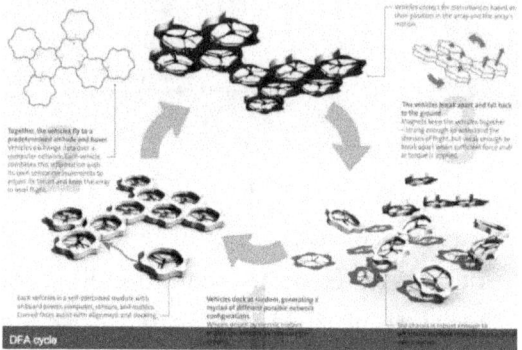

Il manifesto del sistema DFA.

I singoli veicoli del *Distribuited Flight Array* (DFA) sono dotati di una singola elica e presi singolarmente hanno un volo erratico e non coordinato, mentre uniti insieme sono in grado di volare secondo precise rotte e linee di volo, né più né meno come fanno gli altri sistemi UAV.

http://www.idsc.ethz.ch/research-dandrea/research-projects/distributed-flight-array.html

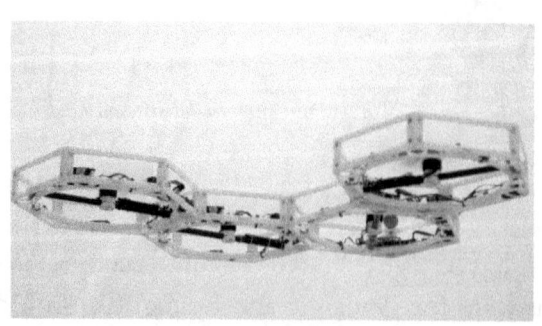

4 elementi del DFA in volo.

Costruirsi un drone

La scelta di costruirsi un drone può essere vista sotto l'aspetto pratico e operativo come un esercizio di addestramento e conoscenza all'uso di tali sistemi, alle problematiche tecniche e a quelle più in generale di natura pratica ed operativa.

In linea di massima, è chiaro che non sempre potremo impiegare i nostri sistemi autocostruiti per operazioni di natura professionale. Ciò è comunque possibile: la normativa lo permette infatti attraverso un percorso di certificazione del sistema. Si tratta però di una strada lunga, complicata e costosa, e che quindi vale la pena percorrere solo nel caso in cui non se ne può fare a meno. Ovvero nel caso si abbia a che fare con mezzi speciali dotati di funzionalità particolari e che quindi richiedono una progettazione specifica.

Progettare un sistema UAV da zero è molto difficile, anche se con la disponibilità di terze parti per *frame*, motori, rotori, autopiloti e tutte le parti accessorie, diventa una cosa possibile. È più facile però acquistare sistemi in kit di montaggio o altre soluzioni nell'ambito di progetti *open source*, o tramite kit di base basati su progetti diffusi in rete come accade con l'ambiente di sviluppo FlyEr (http://flyver.co) o uno dei sistemi 3D Robotics che esce dal progetto DiYdrone (http://diydrones.com) a cui in parte questo volume si è ispirato.

Il modello 3D Nomad, pronto per la stampa e a portata di click sul sito Thingiverse.com.

Se si vuole invece auto-produrre l'intero sistema, bisogna allora essere pronti a studiare fisica, aerodinamica, elettronica, aeronautica e meccatronica, oltre ovviamente ad aver partecipato a un corso pratico da smanettoni di PC.

Non sono infatti pochi i progetti che ci permettono di costruire un sistema UAV da zero, chiaramente partendo da un progetto che qualcun altro ha studiato, dimensionato e infine disegnato in tutte le sue parti (sia in termini di progetto o modelli pronti alla stampa 3D, ma anche in termini di dimensionamento delle varie parti vitali come rotori, motori e sistema di navigazione).

Un ottimo sito da cui partire è quello della *community* nata intorno al mondo delle stampanti 3D MakerBot (www.thingiverse.com), dove troverete degli interessanti sistemi UAV tra gli oltre 100 mila modelli 3D condivisi e pronti all'uso.

In ultimo, forse, la scelta migliore può essere quella di acquistare un progetto di UAV già testato, fornito in kit di montaggio, completo di ogni componente, con le istruzioni ed il supporto adeguato al tipo di prodotto e di costo. Tuttavia per cominciare a destreggiarsi, bisogna cominciare a far effettivamente volare i droni, ad usarli realmente.

Per approfondire il tema ed entrare anche nei singoli dettagli di conoscenza e di tipo pratico, vale la pena trarre ispirazione da alcuni testi citati in bibliografia, come ad esempio *Multicotteri & Droni di Luca Masali,* un ottimo riferimento visto che Masali è uno dei fondatori del magazine di riferimento italiano DronEzine (www.dronezine.it).

Proviamo intanto a fare un elenco delle parti importanti del vostro sistema di volo UAV:

- Telaio o *Frame;*
- Eliche, rotori e motori;
- Sistema di controllo dei motori (ESC);
- Autopilota;
- Sistema di alimentazione (batterie, sensori, etc.);
- Radiocontrollo e telemetrie;
- Sistemi di sicurezza;
- Sensori e payload.

Telaio o Frame - il telaio è una delle parti più importanti del vostro UAV, sia in termini di design e funzionalità all'impiego che ne farete, sia sopratutto per le caratteristiche di aereodinamicità; queste ultime, nei sistemi ad ala fissa, sono fondamentali per la durata del volo, ma anche e sopratutto per la capacità di reggere a condizioni atmosferiche estreme. Il telaio, o frame in inglese, è comunque un elemento primario anche in relazione alle possibilità di espansione con accessori quali gimbal e sensori, sia per capacità operative quali decollo e atterraggio, ed espansioni future come aggiunta di batterie ausiliarie, ma anche di sistemi di bilanciamento del peso dei sensori. Il telaio quindi è una caratteristica primaria del sistema UAV da voi scelto, ed è fondamentale fare la scelta giusta nel progetto di costruzione o di acquisto del sistema.

Eliche, Rotori e Motori - una componente vitale per un sistema di volo è chiaramente il sistema di propulsione, scelto in funzione del peso al decollo e in volo, e sulla scorta di numerosi altri fattori. I motori devono sempre avere una potenza superiore al minimo necessario, con una percentuale non al di sotto del 50% della potenza nominale, bilanciando chiaramente la capacità delle batterie e del sistema di alimentazione in generale.

Tutto ciò è vero, almeno fino a quando rimaniamo nel campo dei sistemi in classe MUAV. Ciò perché, nel mondo dei droni di classe superprofessionale o militare, i sistemi di propulsione seguono altre strade, e sono realizzati per lo più con motori a scoppio o a turbina, oppure con soluzioni speciali. In questo settore infatti, la necessità è quella di voli lunghi e di durata anche di alcuni giorni. Dimensionare il sistema propulsivo di un UAV, richiede un'approfondita esperienza, sia nella selezione delle componenti che nella progettazione. Per queste fasi si può anche far riferimento ai diversi fornitori di servizi on-line. Tra questi citiamo la **@Calc,** un'azienda elvetica (http://www.ecalc.ch) che fornisce soluzioni come motori, software e sistemi per aerei, elicotteri, multirotori, e motori per veicoli anche terrestri.

Sistema di controllo dei motori (ESC) - letteralmente il termine ESC è l'acronimo di *Electronic Speed Control,* o controllo elettronico della velocità dei motori brushless, che vengono attualmente impiegati nella maggior parte dei sistemi propulsivi di ultima generazione. L'accoppiamento ESC/Motori è di vitale importanza nei sistemi UAV, ma alla stessa maniera può rappresentare una forte criticità, considerato il fatto che un errato accoppiamento può anche generare un surriscaldamento del motore tale da farlo incendiare.

Il sistema ESC ha in carico la gestione della velocità dei motori, quindi l'insieme delle sollecitazioni dei 3-8 motori che in un sistema multirotore servono per cambiare l'assetto del velivolo velocemente, per contrastare le oscillazioni dovute sia al carico utile, sia soprattutto al vento in quota che può richiedere cambi di assetto anche diverse volte al secondo. Insomma, i sistemi ESC a bordo di un UAV rappresentano una componente vitale del sistema, e devono essere scelti al top della qualità senza lesinare budget e performance.

Autopilota - chiamato in gergo anche semplicemente "centralina", l'autopilota rappresenta il cuore del sistema UAV o RPV. Infatti è grazie all'autopilota che tutte le funzioni primarie del sistema di volo sono gestite, insieme a tutte le device attive e passive necessarie non solo al volo di per sé, ma anche e soprattutto alla gestione remota del velivolo. Anche se l'autopilota è autonomo rispetto ai dispositivi impiegati nel sistema UAV, è chiaro che il progetto che andremo ad impiegare è progettato e realizzato tenendo in dovuto conto l'intera catena di valori e funzioni necessarie ad operare con un sistema UAV o RPV. L'autopilota è quindi scelto in base al tipo di velivolo e ai tipi di dispositivi ESC, agli attuatori e al radiolink. Un autopilota è in genere accompagnato da un software che permette la personalizzazione dei parametri operativi, così come l'upload della rotta di volo, e chiaramente tutte le funzioni vitali come decollo, gestione della rotta e delle fasi di atterraggio. Ma anche le diverse funzioni di volo come il volo manuale, assistito o controllato, e il volo autonomo. Tra gli autopiloti in ambito open source diverse sono le soluzioni legate ai progetti già presentati nelle pagine della prima sezione del volume (Ardupilot, Openpilot, Paparazzi UAV, wii, ecc.). Ma se non dovessero bastare questi per iniziare a destreggiarsi, allora non dovete far altro che cercare tra le decine e decine di soluzioni rese disponibili da progetti diversi messi a punto da aziende specializzate in questo settore.

Sistema di alimentazione (batterie, sensori, ecc.) - l'alimentazione di un UAV deve essere costante e continua, e soprattutto deve essere in grado di garantire la sicurezza, facendo rientrare il sistema al punto di partenza (home) o nel punto designato per l'atterraggio in caso di failure del sistema o di una imprevista manovra di terminazione della missione. Per fare ciò la tensione delle batterie è tenuta sotto costante osservazione, e la verifica della tensione delle stesse rientra nella *check list* dei controlli pre-volo. Per la stessa ragione è sempre bene avere al seguito almeno 3 pacchi batteria, così da essere in grado di eseguire una buona turnazione delle stesse nelle fasi di decollo, missione e ricarica dei gruppi di batterie. Le batterie di nuova generazione, così come evidenziato a pag. 32, mettono a disposizione un apposito connettore, che utilizzato con un voltmetro ad hoc, permette di controllare lo stato di carica dei singoli elementi. Nell'ambito di progetti specifici e dove è necessario avere una durata maggiore delle batterie, non è raro trovare dei sistemi con funzione di *power extender*, ottenuti con sistemi a celle di idrogeno o altre tecniche che permettono di ricaricare il gruppo di alimentazione e allungare di molto le missioni operative dei sistemi UAV.

Radio-controllo, telemetrie e downlink - un sistema autonomo di volo, una volta decollato non ha nessun bisogno di comunicare con terze parti, ma è buona norma che almeno la sua posizione e i suoi parametri vitali di volo siano disponibili alla stazione di controllo e di volo a terra.

I sistemi di comunicazione a bordo di un UAV non si limitano però a questo, e almeno tre sono le funzioni vitali in cui sono indispensabili, ovvero:

- *Radiocontrollo* - le funzioni del radiocontrollo sono quelle classiche demandate ad un radiocomando, né più né meno di ciò che succede nel mondo del modellismo. Da tenere presente che per sistemi professionali ad hoc, la maggior parte delle soluzioni adotta radiocomandi semplificati in cui sono implementate le funzioni essenziali del modello di UAV. Per certi versi le soluzioni basate sul classico radiocomando (vedi pag. 27) sono più generiche, ma funzionali ad aggiungere eventuali comandi ad hoc, e si prestano ad una maggiore facilità di assistenza e reperimento delle parti di ricambio.

• **Telemetrie** - le telemetrie non sono altro che il rinvio a terra dei parametri essenziali del sistema di volo. Nella maggioranza dei sistemi, le telemetrie rinviano a terra tutti i parametri di volo, che poi sono visualizzati nei cosi detti HUD (*Heads Up Display*) o analizzati in tempo reale con altri tools, oppure registrati nell'area dati della *Ground Control Station*. Le telemetrie per sistemi UAV standard, e con raggio di azione non superiore a 1.5-2 km, possono essere anche semplici e poco costose (vedi sistema della 3DS a pag. 29), ma superando tali limiti è necessario adottare dei *range extender* in grado di portare il segnale oltre il limite minimo, oppure far conto su telemetrie più complesse e professionali. Per telemetria si intende in genere un sistema unidirezionale, anche se in altre occasioni sono concepite come sistemi bidirezionali.

• **Downlink** - il termine *downlink* è un termine generico per indicare la trasmissione dei dati di un sensore in volo, o comunque la trasmissione dal sensore alla stazione ricevente a terra (up-link è l'esatto contrario). Tale funzione permette la verifica in tempo reale dei dati acquisiti da un sensore, o anche la semplice visualizzazione della telecamera impiegata nei sistemi con FPV. Oppure sistemi di ripresa video canonici come quelli impiegati nelle riprese cinematografiche, ma anche le immagini di una termocamera in tempo reale che segnala la presenza o meno di corpi di calore.

Nel contesto delle comunicazioni satellitari, la parola sta ad indicare il link di comunicazione tra il satellite e la stazione a terra. Gli apparati di *downlink* possono essere dei normali radiomodem, o apparati più complessi, in funzione di molteplici fattori, quali: *dimensioni e transfer rate* dello *stream* di dati dal velivolo remoto alla stazione a terra, sicurezza e sistema di criptazione dei dati, distanza tra sistema in volo e stazione a terra.

Dovendo dimensionare e scegliere le tecnologie giuste per le vitali funzioni di comunicazioni del vostro UAV, non rimane che affidarvi alla disponibilità sul mercato di soluzioni un po' per tutti i gusti, da quelli più semplici e vicini al mondo amatoriale, fino ai sistemi con criptazione dei segnali nel caso si operi in condizioni di criticità e sicurezza.

Sistemi di sicurezza - trattando di sistemi UAV o FPV, uno degli aspetti critici riguarda la sicurezza, intesa nel senso più largo possibile, considerando tanto la sicurezza del volo, quanto quella delle persone e dell'ambiente operativo (zone affollate di persone, ma anche impianti e infrastrutture civili critiche, ecc.).

Sicurezza può anche voler dire sistemi di comunicazione con adeguata criptazione dei segnali e dei dati. In alcuni casi per sicurezza si può intendere il "sistema di terminazione", ovvero sistemi ed accorgimenti che permettono di abbattere il sistema UAV che va fuori controllo.

La parola sicurezza nel settore professionale degli UAV, è tutto o quasi ciò che serve per operare in situazioni critiche e non critiche. La stessa normativa prevede già ad oggi, per i sistemi UAV professionali, l'uso di un sistema a paracadute, che viene impiegato sia come sistema di sicurezza, che come metodo di atterraggio in diversi scenari.

Alla stessa maniera in diverse classi di UAV sono già obbligatori i sistemi *"fail-operational"* con diversi sistemi di backup come un doppio sistema autopilota, una doppia linea di comunicazione, ecc.

Ma qual è il giusto livello di sicurezza che dovremo adottare nelle nostre missioni? La risposta è naturale, quella necessaria al tipo di missione. Dipendente principalmente dal tipo di missione che viene richiesto dal committente e dal livello di *performance* che vogliamo adottare per il nostro lavoro.

Sensori o payload - un sistema UAV nasce per effettuare missioni operative, portando a bordo strumenti come videocamere, camere fotografiche di diverse tipologie, sensori e strumenti di diversa natura. Un sistema UAV deve essere progettato pensando anche e soprattutto al carico utile portato a bordo, al suo ingombro e al suo bilanciamento. Sensori e payload in genere, hanno poi bisogno a volte di linee di telemetrie specifiche, così come di sistemi di alimentazione indipendenti dal vettore.

Software di gestione e post-processing - lo sviluppo dell'intero processo di gestione di un UAV, è basato in genere su due piattaforme software distinte. Una che permette di pianificare e gestire le fasi di volo, e l'altra che permette di analizzare i dati, o meglio, di effettuare il post-processing dei dati aquisiti.

La prima piattaforma, comunemente definita come *mission planner o flight planner*, è in definitiva un sistema di pianificazione e gestione delle missioni di volo, ed è in genere legata al tipo di sistema, al tipo di autopilota e in parte chiaramente alla tipologia di missione (*payload*).

La seconda piattaforma va scelta tra le decine e decine di soluzioni che riguardano nello specifico l'applicazione, quindi lo scopo per cui il vostro UAV deve essere impiegato.

Per un riferimento più dettagliato sui software di post-processing di dati da UAV, potete far riferimento all'appendice, o agli aggiornamenti on-line sul blog www.mygeo.it/uav, *dove troverete aggiornamenti e news su tutto il fronte delle applicazioni con gli UAV.*

La certificazione

Gli aspetti relativi alla certificazione di un UAV abbracciano problematiche e livelli operativi dei sistemi; sono quindi diverse le certificazioni necessarie per chi deve operare nel settore sia che si tratti di un produttore, di un'organizzazione, di un fornitore di sistemi o un semplice operatore.

Le diverse certificazioni sono legate alla normativa specifica e a quella generale dei sistemi professionali, ma molto dipende dal livello normativo del paese in cui si opera, e dal contesto operativo. Fatto salvo la certificazione generale del sistema, che dipende in linea di massima dall'area geografica in cui si opera, come il marchio CE necessario in Europa, o altre certificazioni relative ad altre aree geografiche.

In linea di massima, le certificazioni necessarie per operare, o quelle canoniche di aziende che operano come utenti finali dei sistemi UAV, coincidono con quanto segue:

a) *Certificazione CE* - la prima certificazione necessaria e da verificare sul sistema impiegato, è quella europea CE, che già permette di validare il sistema elettronico, di progettazione e realizzazione a norma. Quindi in sicurezza e almeno con uno standard operativo certificato dall'azienda fornitrice del sistema.

b) *Certificazione del modello* - la certificazione del modello di UAV rappresenta una condizione essenziale per la possibilità di operare professionalmente. È essenziale quindi che una certificazione del modello sia rilasciato dall'ente nazionale di certificazione al volo. Il sistema può essere certificato sia singolarmente, ovvero per sistemi ad hoc che non hanno una certificazione per così dire "di fabbrica", sia attraverso una certificazione cosi detta "di tipo", che deve essere rilasciata dall'azienda fornitrice del sistema UAV. La certificazione del vostro sistema deve permettere di operare in aree critiche e non critiche, attenendosi chiaramente alle restrizioni normative e alle regole del buon volo.

c) *Certificazione dell'operatore* - nel gestire i sistemi UAV si può operare in maniera semplice o complessa, in funzione delle difficoltà di volo, dell'area in cui si svolgono le operazioni, e in relazione alle condizioni generali meteo e ambientali. Le operazioni di volo condotte da una compagnia o società, necessitano di una certificazione specifica, con la definizione di ruoli, responsabilità e procedure da adottare per la gestione della sicurezza, in condizioni normali e di emergenza. - Volendo fornire servizi di volo con sistemi UAV, per operazioni di ogni tipo, dovrete acquisire la certificazione di operatore, quindi applicare delle specifiche procedure alle operazioni di volo.

d) *Certificazione del pilota* - il pilota del sistema UAV deve chiaramente essere autorizzato, ovvero aver conseguito il cosiddetto patentino o autorizzazione, per il mezzo con cui deve operare. Questa ultima affermazione sembra pleonastica, ma non lo è, visto che la certificazione del pilota del sistema UAV avviene su 2 livelli distinti, ovvero con una certificazione generale e personale intesa come "certificato di competenza", che riguarda la capacità teorica e pratica del pilota a gestire sistemi di volo APR, e la certificazione specifica sul sistema da impiegare, ovvero il rilascio di un "attestato di capacità" sul mezzo specifico. Quest'ultima certificazione viene rilasciata dall'azienda che commercializza il sistema, e sta a significare che il pilota conosce le caratteristiche del mezzo impiegato, le sue specifiche tecniche, e che ha effettuato test di volo sotto la direzione e responsabilità del fornitore.

e) ***Certificazione operativa in aree critiche*** - per operare in aree critiche, ovvero in presenza di attività umane, quindi assembramenti, o semplicemente in aree urbane, spazi aerei critici, ecc., è necessario ottenere una specifica autorizzazione al volo, rilasciata dietro presentazione del progetto di volo e della documentazione di rito come le certificazioni del sistema, del pilota e ovviamente dell'operatore. In questo caso la richiesta di emissione del NOTAM è una della attività possibili ai fini della segnalazione dell'attività di volo in aree critiche.

Sugli aspetti generali delle certificazioni vi sarebbe molto da dire e da verificare, in quanto le medesime sono legate alle diverse norme e regolamenti a volte di livello generale, altre per aree geografiche come USA, EU, etc., e in ultimo per il paese in cui si opera. Si consideri che alla data di chiusura in redazione del volume, la normativa italiana è ancora in revisione da parte dell'ente di riferimento – l'ENAC – il quale ha addirittura esteso le sue competenze *ipso facto* alle operazioni di volo anche di tipo *indoor*, laddove con questo termine si indicano le manifestazioni sportive e/o di altro genere al chiuso.

La normativa e il mercato dei sistemi UAV e dei droni in genere, sono ancora troppo giovani, e serviranno ancora alcuni anni per risolvere le problematiche aperte, anche se tutti gli aspiranti operatori sono ormai ai nastri di partenza.

Acquistare un drone senza sbagliare

Comprare un drone o UAV non è un problema con i tempi che corrono, vista l'offerta a 360 gradi di sistemi per tutte le tasche e in tutte le salse possibili. Infatti il mercato nazionale e quello internazionale conta già migliaia di soluzioni un po' per tutti i livelli e per tutti i gusti, esigenze ed applicazioni diverse.

Lo spartiacque nella scelta del sistema UAV è come sempre la *tipologia di applicazione* in cui il sistema deve essere impiegato. Il punto di vista su questo aspetto riguarda tanto il contesto normativo e operativo, tanto l'aspetto tecnico e del prodotto in quanto tale, considerando che un prodotto è sempre costituito dall'addendum del sistema hardware/software e da altri fattori immateriali come documentazione a corredo, accessori, affidabilità del progetto, affidabilità dell'azienda fornitrice, assistenza e disponibilità dei ricambi e, chiaramente, da altri aspetti non facilmente generalizzabili, come l'efficienza della rete di assistenza, ecc.

E' chiaro che la prima linea di demarcazione è tra i sistemi generici orientati al modellismo, al mercato consumer e delle riprese video amatoriali, e quello delle applicazioni professionali, di produzione, e ovviamente del militare che fa parte a sé.

Nel settore consumer i progetti e le proposte si contano a centinaia, con produzioni di qualità ai quattro angoli del globo, con Francia, Cina e USA a guidare la classifica.

Il settore professionale è molto più variegato e caratterizzato in linea di massima dalle competenze di più paesi, a cominciare dai paesi europei tutti, ma anche Canada, Australia e chiaramente gli USA, dove lo sviluppo del settore è già abbastanza avanzato, anche se le norme operative sono in forte ritardo a causa dei problemi di sicurezza fortemente sentiti nel paese.

In Italia diverse sono le aziende del settore che offrono servizi e sistemi. Ma il settore ha cominciato a consolidarsi nella prima metà del 2014, quando con i primi eventi dedicati al settore (RomaDrone e DronItaly), le aziende del settore hanno cominciato a confrontarsi pubblicamente. A inizio 2013 nasce la prima associazione di settore, la ASSORPAS (www.assorpas.it), e via di seguito poi altre ne verranno, mentre ad aprile 2015 viene pubblicato il primo regolamento di volo che allenta le maglie operative per l'uso dei sistemi cosiddetti "leggeri", ovvero, il cui peso sia inferiore o pari a 2 kg, e le dotazioni comprendano dispositivi di protezione e riduzione del danno in caso di failure del sistema e conseguente atterraggio fortuito a terra.

Acquistare un sistema UAV non è né facile né difficile, l'importante è avere bene in mente ciò che si vuole fare, le sue applicazioni e la possibilità di effettuare manutenzioni e upgrade del sistema. Per il resto dei problemi, dipende chiaramente da come e da chi viene acquistato il sistema, e in questo mercato l'importanza delle competenze e del supporto tecnico dell'azienda venditrice rappresentano l'unicità della buona riuscita dell'operazione.

Il mercato dei sistemi UAV

Per capire ancora meglio lo stato di fatto del mercato nazionale e internazionale dei sistemi UAV, proviamo a leggere i dati che in uno degli ultimi meeting europei sono stati presentati da aziende che operano nel settore a livello internazionale, e che misurano il business globale attraverso i numeri unici degli operatori, piuttosto che con i numeri delle solite proiezioni di mercato.

Valutare il mercato italiano diventa un po' più difficile, vista l'incapacità delle aziende di fare squadra e quindi di collaborare anche alla definizione di strategie di mercato che possano offrire chiarezza e trasparenza; anche se nel corso degli ultimi mesi (inizio 2015), a dire il vero, alcune iniziative convergenti tra le diverse associazioni sembrano aver aperto spazi nuovi di dialogo con gli organi di regolamentazione della normativa. Fattore decisivo per lo sviluppo del mercato globale dei droni nel settore professionale e non.

I settori emergenti nel campo delle applicazioni sono variegati e influenzati da molteplici fattori, non ultima l'economia dei paesi presi in esame, ma anche e soprattutto in questa prima fase, la normativa che permette di operare in sicurezza, e che in molti paesi è purtroppo ancora su posizioni troppo vicine alla normativa standard per le operazioni di volo aereo tradizionale.

Commercial Drones

Utilities
Delivery   Mining   Research
Insurance   Broadcasting   Railroad/Tran
Energy   Construction   Inspection   sport
Aerial
Cinematography
Entertainment
Aerial
Photography   Mapping   Agriculture
Surveying   Providing Aid   Oil and Gas   Real Estate
Monitoring

I settori commerciali dei droni.

"Autonomous vehicles will disrupt the business dynamics of at least 1/3 of the industries in the developed world." gartner news 10/08/2014

DroneDeploy

Non a caso, un paese come gli USA, in genere all'avanguardia sulla diffusione delle tecnologie avanzate, presenta un fortissimo ritardo sulla normativa per gli UAV, e paradossalmente i paesi meno restrittivi sono quelli europei, insieme a Canada e Australia. Al di là di tutto, possiamo comunque con certezza affermare che il mercato dei sistemi UAV è nel pieno della sua fase di crescita, in termini di offerta tecnologica, ma anche e sopratutto in termini di cultura sui sistemi "teleguidati" o "autonomi". Questa ultima affermazione è tanto vera, quanto più ci si avvicina al punto di convergenza tra i sistemi UAV e i sistemi **unmanned** in generale, non solo per il mondo del volo, ma soprattutto per tutto il mondo dell'automobile e dei trasporti in generale.

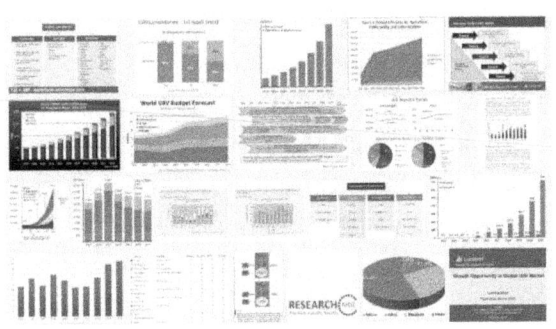

Numerosissime le ricerche di mercato sugli UAV, come dimostra una ricerca su Google dei relativi grafici di sintesi.

Una macchina senza autista, in grado di portarvi a destinazione e di interagire con voi, è enormemente più complessa di un sistema di volo. Il futuro presenta in ogni caso enormi sorprese e potenzialità, sia parlando di flotte aree che di quelle marine, ma anche in mille altre applicazioni e tecnologie nell'ambito della robotica.

Commercial Drones

- Australia
- Canada
- Denmark
- France
- Germany
- United Kingdom
- United States
- Consult each state authority for regulatory guidance!!

Le aree geografiche analizzate da Drone Deploy.

 DroneDeploy

Ad oggi gli operatori del settore UAV di ambito commerciale, non sono più di 5/6 mila, contando i paesi primari come Australia, Canada, Danimarca, Francia, Germania, Inghilterra, USA e pochi altri. Ma il mercato globale è senza dubbio in fase di crescita, e se cerchiamo analisi ad hoc, ne esistono centinaia dedicate al trend positivo del mercato internazionale. La soluzione è solo attendere che il processo di normalizzazione delle normative si concluda.

Di fatto, ad oggi, un operatore UAV di un qualsiasi paese europeo, se volesse operare anche in maniera spot in altri paesi dell'area, è costretto a seguire normative ed abilitazioni al volo diverse per ogni paese, vanificando la possibilità di operare globalmente, fosse anche solo per l'area commerciale europea.

In Italia gli operatori potenziali sono tra i 4 e i 5 mila, almeno a leggere i dati di un sondaggio dell'ultima ora della neonata Federazione Italiana APR (www.fiapr.it), che ha avuto l'idea di effettuare un sondaggio su circa 1000 persone, misurando le aspettative dei potenziali soggetti intenzionati ad operare nel settore degli UAV, ma che sono frenati dalla complicata normativa di ENAC.

FIAPR è però solo l'ultima arrivata, e anche se chi l'ha fondata ha un blasone specifico nel mondo dei droni, è pur sempre vero che in Italia è abituale che ognuno coltivi il suo piccolo orticello. E così come succede in mille altri settori, le associazioni di idee sono tante, ma gli intenti sono tutti diversi e la conta spesso non torna, essendo a volte più i gruppi di interesse che l'interesse stesso. Per fortuna le aziende hanno una lunga storia alle spalle, e diverse sono quelle che pur nell'incapacità generale del paese di promuovere le proprie eccellenze, riescono ugualmente a crescere e ad operare verso obiettivi che qualificano le poche aziende del settore civile, anche in ambito internazionale. Per il resto, la storia degli UAV per applicazioni civili non è più lunga di 2-3 anni, e di fatto il 2015 sarà l'anno migliore per vedere il mondo dei droni consolidarsi anche in Italia.

Decine le fiere di settore nate a seguire l'evento originale Roma Drone che a maggio 2014 ha messo l'accento sul settore.

La normativa

La questione della normativa è di vitale importanza per chi vuole operare professionalmente nel settore, visto che senza le dovute garanzie ed autorizzazioni, il rischio è totale. Dalla decadenza di ogni tipo di assicurazione, fino ad azioni penali nei confronti degli operatori che vengono sorpresi a volare con un sistema UAV sia in aree critiche che non.

Ma la normativa, come abbiamo già ripetuto in varie parti del testo, è un processo di affinamento che in Italia e nel resto del mondo potrà essere realizzato in non meno di 3-5anni. Ad oggi la normativa europea e quella italiana dividono il mondo degli UAV in 3 categorie principali, ovvero:

- Sistemi UAV fino a 2 kg
- Sistemi da 2 a 25 kg
- Sistemi oltre i 25 kg

Per peso si intende il pieno carico, quindi compreso il sensore che viene portato a bordo del sistema.

In termini di normativa possiamo citare l'ultima versione del regolamento emanato da ENAC, ovvero l'ultimo documento disponibile alla data di chiusura di questo volume, che agevolmente potete trovare sul sito di ENAC all'url www.enac.gov.it.

L'ultimo aggiornamento risale al protocollo del 16/3/2015, il quale va a modificare il Regolamento ENAC "Mezzi Aerei a Pilotaggio Remoto", pubblicato nel 2013, introducendo purtroppo la competenza di ENAC, anche per il volo di UAV in condizioni indoor (aree al chiuso), qualora si operi nell'ambito di manifestazioni sportive, artistiche e similari che presuppongano un pubblico assembramento.

Ma la normativa è una questione a tutto tondo, e come abbiamo già avuto modo di dire nei precedenti paragrafi, dovete fare attenzione a tenere in conto le tre raccomandazioni principali, ovvero:

Dronitaly è l'evento per eccellenza del centro-nord italiano, dove a differenza di Roma Drone non ci sono sistemi militari tra i droni esposti.

- *La certificazione del mezzo* - deve essere compatibile con l'area geografica, il paese e le regolamentazioni locali.
- *La certificazione del pilota e dell'organizzazione* - anche esse rispondono alle norme del paese in cui si vola, e sono strettamente legate anche al tipo di sistema UAV, in massima parte discriminante per il peso e l'area di volo.
- *Autorizzazione al volo* - l'autorizzazione al volo, ovvero la richiesta e/o comunicazione sulle operazioni di volo, quando si voli in aeree critiche.

Per tutto il resto, ovvero aggiornamenti e supporto, non potete far altro che continuare ad informarvi e a tenervi aggiornati, sia acquistando e leggendo le riviste di settore come Dronezine (www.dronezine.it), sia tenendo il vostro mouse puntato sul sito di supporto a questo volume, all'url www.mygeo.it/uav, oppure sui diversi portali web delle associazioni di settore.

Tabella classificazione UAV

Categoria	Acronimo	Raggio operativo [km]	Quota di volo [m]	Durata del volo [h]	MTOW [kg]
Tactical UAV					
Nano	η	< 1	100	< 1	< 0,0250
Micro	μ	< 10	250	1	< 5
Mini	Mini	< 10	150 - 300	< 2	< 30
Close Range	CR	10 - 30	3 000	2 - 4	150
Short Range	SR	30 - 70	3 000	3 - 6	200
Medium Range	MR	70 - 200	5 000	6 - 10	1 250
Medium Range Endurance	MRE	> 500	8 000	10 - 18	1 250
Low Altitude Deep Penetration	LADP	> 250	50 - 9 000	0,5 - 1	350
Low Altitude Long Endurance	LALE	> 500	3 000	> 24	< 30
Medium Altitude Long Endurance	MALE	> 500	14 000	24 - 48	1500
Strategic UAV					
High Altitude Long Endurance	HALE	> 2 000	20 000	24 - 48	12 000
Special purpose UAV					
Unmanned combat aerial vehicle	UCAV	1 500	10 000	2	10 000
Lethal	LETH	300	4 000	3 - 4	250
Decoy	DEC	0 – 500	5 000	< 4	250
Stratospheric	STRATO	> 2 000	> 20 000 & < 30 000	> 48	Da definire
Exo – stratosphric	EXO	Da definire	< 30 000	Da definire	Da definire
Space	SPACE	Da definire	Da definire	Da definire	Da definire

Fonte: 2011-12 UAS Yearbook, www.uvs-info.com

Ringraziamenti

Realizzare questo volume è stato per me una occasione, piuttosto che una fatica. Occasione che mi ha spinto ad approfondire tanto le tematiche, tanto le questioni di operatività, arricchendo le mie conoscenze, e superando il mondo delle scienze geomatiche e geospaziali che meglio conosco. Sinceramente non avrei mai pensato di dovermi occupare di sistemi di volo nella mia vita professionale.

I miei ringraziamenti in primis, vanno quindi al gruppo di lavoro di Menci Software (www.menci.com), azienda italiana di Arezzo, che con i sistemi UAV è stata tra i primi in Italia a sperimentare le applicazioni cartografiche e territoriali. Poi un ringraziamento a Gatewing (www.gatewing.com), che con il suo sistema X100 catturò il mio interesse in quel di Gent, città belga operosa e affascinante.

Infine il mio ringraziamento va ai colleghi tutti, che per diversi aspetti, tra i modelli 3D del territorio e la sperimentazione di sempre nuove soluzioni, mi hanno dato l'opportunità di realizzare le esperienze operative. Grazie quindi a Geolink (www.geo-link.com) e FlyTop (www.flytop.it) di Roma, oltre che agli amici e colleghi della redazione di GEOmedia (www.rivistageomedia.it). Grazie anche a Fulvio, Maurizio, Dodo, Gabriele, e all'infaticabile *Cordiality*.

Crediti fotografici

I crediti fotografici sono quelli citati in bibliografia, mentre le immagini specifiche di qualità citate o usate a pagina intera sono le seguenti:

Prima immagine - Immagini dalle attività di rilievi UAV, UR (IRAQ) 2014.
Pag. 2 – Immagine di un deltaplano nella fase di lancio (foto dell'autore).
Pag. 10 - L'autore mentre effettua un lancio del sistema di volo FlyGeo. Iraq
Pag. 36 - Un operatore al radio-controllo di un sistema di volo.
Pag. 48 - Riprese della Ziqqurat di UR con Canon IXSUS a bordo di un UAV.
Pag. 86 - Un sistema UAV avanzato.

Il glossario

Acronimo	Definizione in inglese	Definizione in italiano
AI	Artificial Intelligence	Intelligenza artificiale
APR	Remotely Piloted Aircaft System	Aeromobile a Pilotaggio Remoto
ATTITUDE	Spacecraft's 3D orientation	determinazione di assetto
ATV	Automated Transfer Vehicle	Veicolo a trasferimento automatizzato
ATZ	Aerodrome Traffic Zone	Area di traffico aeroportuale
AUVSI	Association for Unmanned Vehicle Systems International	Associazione USA di sistemi UAV
BLOS	Beyond Line Of Sight	Sotto la linea di vista
BRV	Beyond Visual Range	Sotto la distanza di visibilità
CAA	Civil Aviation Authority	Autorità Aviazione Civile
CROWDFUNDING	Financial by fund raising	Finanziamenti dal basso
D&A	Detect and Avoid	Sistema anti-collisione
DIY	Do It Yourself	Il fai da te tecnologico del 3^ millennio
DRONE	Male honey bees. Target Unmanned Vehicle	Sistema a pilotaggio remoto (APR), o comunemente DRONE.
DSM	Digital Surface Model	Modello digitale di superfici
DTM	Digital Terrain Model	Modello digitale del terreno
EASA	European Aviation Safety Agency	Agenzia Europea di Sicurezza Aerea
EM	Electro Magnetic	Elettromagnetico
ENAC	Italian Civil Aviation Authority	Ente nazionale di assistenza al volo in Italia. Scuola nazionale di aviazione civile in Francia.
ENAV	Management and control of civilian air traffic in Italy	Ente Nazionale di Assistenza al Volo
EO	Electro Optical	Elettro ottico
ESC	Electronic Speed Control	Controllo elettronico della velocità dei motori brushless
EVLOS	Extend Visual Line Of Sight	Operazioni oltre la linea VLOS, o oltre la vista del modello in volo.

FAA	Federal Aviation Administration	L'autorità USA in fatto di norme di volo civile.
FabLab	Fabrication Laboratory	Circoli e locali dove sono messe a disposizione strumenti avanzati di "fabbricazione" basata su stampa 3D, elettronica e informatica. Ossia l'artigianato del 3^ millennio.
FCU	Flight Control Unit	Unità di controllo del volo
FPV	First Person View	Volo in prima persona
GCS	Ground Control Station	Stazione di controllo a terra
GIMBAL	Rings pivoted at right angles	Sospensione cardanica
GIS	Geographic Information System	Sistema informativo geografico
GNSS	Global Navigation Satellite Systems	Sistema globale di navigazione satellitare
GoPro	Action camera for outdoor	Camera fotografica per attività all'aperto, sport, etc.
GPS	Global Positioning System	Sistema globale di Posizionamento
GS	Ground station	Stazione di controllo
HALE	High Altitude Long Endurance	Sistema di volo a lungo raggio e alta quota. Fa parte della classificazione dei sistemi UAV.
HD	High Definition	Alta definizione
HPM	High Power Microwave	Sistema a microonde in alta potenza
HUD	Head Up Display	Plancia di guida visuale-digitale, o anche visione AR (Augumented Reality) del volo.
ICAO	Internationa Civil Aviation Administration	Amministrazione Internazionale Aviazione Civile
ICT	Information & Communication Technology	Informatica e telecomunicazione
IMU	Inertial Measurement Unit	Sistema di posizionamento inerziale
IR	Infrared	Infrarosso
LOS	Line Of Sight	Linea a vista
MALE	Medium Altitude Long Endurance	Sistema di volo a lungo raggio e a media quota. Fa parte della classificazione dei sistemi UAV.
MEMS	Micro Electro Mechanical Systems	Sistemi Micro elettro-meccanici per sensori (sensori inerziali, accelerometri, interferometri,etc.)
MMS	Mobile Mapping Systems	Sistemi di mappatura mobile, su mezzi mobili e UAV
MTOW	Maximum Take Off Weight	Carico massimo al decollo
MUAV	Miniature Unmanned Aerial Vehicle	Sistemi UAV di piccola entità. In alcuni ambiti gli UAV vengono declassificati a piccoli UAV.
OS	Operating System	Sistema Operativo (SO)
OSD	On Screen Display	Visualizzazione in sovrimpressione
PAL	Phase Alternating Line	Sistema di trasmissione televisivo
PCB	Printed Circuit Board	Circuito stampato
R&D	Reserch and Develop	Ricerca e sviluppo

RC	Radio Controlled	Radio-Controllo
ROVER	Remote moving system	Sistema remoto attivo (sistemi mobili, sistemi di acquisizione)
RPA	Remotely Piloted Aircaft	APR
RPAS	Remotely Piloted Aircaft System	Sistema Aereo a Pilotaggio Remoto
RPAV	Remotely Piloted Aerial Vehicle	Velivolo Aereo a pilotaggio remoto
RPV	Remotely Piloted Vehicle	Veicolo/Velivolo a Pilotaggio Remoto
RTOS	Real Time Operating System	Sistema Operativo (SO) in Tempo Reale
S&A	Sense and Avoid	Sistema anti-collisione
SAPR	Remotely Piloted Aircaft System	Sistema Aeromobile a Pilotaggio Remoto
SDK	Software Development Kit	Ambiente di sviluppo personalizzato
UAS	Unmanned Aircraft Systems	SAPR
UAV	Unmanned Aerial Vehicle	Drone o APR
UV	Ultraviolet	Ultravioletto
UVS	Unmanned Vehicle Systems	Sistemi di veicoli a pilotaggio remoto
VLOS	Visual Line of Sight	La linea massima di vista di un UAV, per un pilota remoto.
VTOL-UAV	Vertical Take-Off and Landing UAV	UAV a decollo verticale

Bibliografia

1. **Crediti fotografici e grafici, video e multimedia** – R. Carlucci, M. Mattana, D. Santarsiero, T. Zuliani. *Immagini e grafici, dove non diversamente segnalato, appartengono ai relativi autori, spesso anche sconosciuti.*

2. **Ortofoto e altre immagini del sito di UR (IRAQ)**, *sono pubblicate su gentile concessione del team operativo del Programma di Cooperazione Aid 9655, Ambasciata Italiana di Bagdad 2014.*

3. **Small Unmanned Aircraft, Theory and Practice**. Randal W. Beard e Timothy W. McLain. Princeton University Press. ISBN 978-0-691-14921-9.

4. **Unmanned Aircraft Systems, UAVS design, development and deployment.** Reg Austin, Wiley 2010. ISBN 978-0-470-05819-0

5. **Virtual Autopilot System**: Abstraction functionality for UAS autopilots - Juan Manuel Lema Rosas.

6. **Inside Unmanned Systems**. Premier Issue, Edizioni 2014 e 2015. Glen Gibbons Group Publisher.

7. **Getting Started with Hobby Quadcopters and Drones**. Craing S. Issod. ISBN 9781490968971.

8. **La guerra dei droni**. Sabina Morandi. Coniglio Editore. ISBN 9788860632869.

9. - *EIJ-Earth Imaging Journal settembre/ottobre 2010.* Earthwide Communications LLC

10. - **PowerUp 3.0**, User Guide. Smartphone Controlled Paper Airplane. Ver. 1.0 Marzo 2014.

11. - **DIY RC AIRPLANES from Scratch**. The Brooklyn Aerodrome Bible For Hacking The Skies.Breck Baldwin 2013, Mc Graw Hill. ISBN 9780071810043.

12. - **Miniature UAV's:An Overview**. TNO innovation for life. TNO Defence, Safety and Security, The Netherlands. ISBN 978-9-059-86452-8.

13. - **UAV From Theory to Flight**. Inside GNSS May 2014. Gibbons Media & Research LLC. ISBN

14. - **I Robot ci Guardano**. Nicola Nosegno. Chiavi di Lettura, Zanichelli 2013. ISBN 978-8-808-17548-9.

15. - **Il capitalismo dei Robot**. John Lanchester, London Review of Books (UK), su Internazionale n.1095 Anno 22.

16. - **atti e relazioni TUSExpo 2015**, The Hague (NL) - www.tusexpo.com.

17. - **atti e relazioni Roma Drone 2014**. - www.romadrone.it.

18. - **atti e relazioni Convegni ASSORPAS 2014 e 2015**

19. - **Inserto UAV GEOmedia** 2014.

20. - **Dronezine**, annate 2014 e 2015.

21. - **Quadricotteri, multicotteri e droni**. Luca Masali, L'Aeroplanino editore 2014. - www.dronezine.it

22. **- Jet elettrici**. Alessandro Ginestri. ISBN 978-1-4716-4448-1. - www.dronezine.it

23. - **Phantom Pilot Training Guide 2014**. DJ Innovations. - www.dji.com.

24. - **Fascination Quadrocopter**. Roland Buchi, BoD GmbH 2011. ISBN 978-3-8423-6731-9

25. - **Drone & UAV Entrepreneurship**. Jerry LeMieux. Unmanned Vehicle University Press 2013. ISBN 978-0-578-13203-7

26. - **RPAS Yearbook 2013-2014** dell'associazione europea UVS. www.uvs-info.com

Sitografia

I progetti e le applicazioni in rassegna da pag. 37 a pag. 107.

ID	Titolo	Link
L_1	Consegnare la corrispondenza con i multirotori.	http://www.microdrones.com/en/applications/growth-markets/quadcopter-for-logistics/
L_2	Rilievi territoriali, cartografici, geografici e geo-topografici	www.geo-fly.org
L_3	Droni per l'archeologia	http://archeoguide.it/ur/.
L_4	Documentazione tecnica infrastrutture ed edilizia.	www.skycamusa.com/infrastructure_aerial_inspection.shtml
L_5	Rilievi cartografici e catastali	http://www.geometh.ethz.ch/uav_g/proceedings/manyoky
L_6	Gestire la sicurezza con i sistemi UAV	http://www.stimson.org/programs/Drones-UnmannedAerialVehicles/
L_7	Agricoltura di precisione	http://agribotix.com
L_8	Mappatura delle foreste e dell'ambiente	http://www.mosaicmill.com/applications/appli_forestry.html
L_9	Contrastare il bracconaggio del parco Krugen con i sistemi UAV	http://www.wcuavc.com/
L_10	Mappe di maturazione dei vigneti	http://3drobotics.com/2013/10/dron es-wine-how-uavs-can-help- farmers-harvest-grapes/
L_11	Sistema di supporto all'agricoltura	http://precisionhawk.com/
L_12	Mappatura di cave, miniere e movimento terra	www.landandmineralsconsulting.com
L_13	UAV e GIS, un duo emergente	http://flightlinegeographics.com/
L_14	Supporto ad operazioni di criminologia operativa	https://www.cs.ox.ac.uk/files/3198/submission_waharte.pdf
L_15	Applicazioni industriali Oil & Gas	http://www.thecyberhawk.com/about/
L_16	Usare gli UAV a supporto dei VVFF	http://www.nitrofirex.com/
L_17	Riprese video, cinema e documentari	http://www.eagleeyeaerial.com.au/
L_18	Mappatura impianti fotovoltaici	www.panoptes.it
A_19	Progetto LOON	www.youtube.com/user/ProjectLoon
A_20	Sorvegliare gli uragani con Sirens Project	https://www.kickstarter.com/projects/1517270439/the-sirens- project-uav-tornado-research?ref=category
W_21	Sistema di mappatura 3D dei fondali marini	http://www.lsis.org/
W_22	Sistema di campionamento delle acque interne	http://nimbus.unl.edu/
W_23	Monitoraggio marino, oceanografico e delle coste con sistemi UAV	http://www.tekever.com/en/group/news/
W_24	Flotte Autonome di Cargo Commerciali	http://www.unmanned-ship.org/
F_25	Applicazione turistica, sport, ludico GoPro based	www.airdog.com
F_26	Il primo BeachBoat o Sand Art Robot	http://www.beachbot.ch/
F_27	Multirotore da polso	http://f lynixie.com/
F_28	Piattaforma di sviluppo per Drones App	http://flyver.co/
F_29	UAV anti-collisione e innovativo	www.flyability.com
F_30	Multirotore autoassemblante	http://www.idsc.ethz.ch/research-dandrea/research-projects/distributed-flight-array.html

Riferimenti web nazionali e internazionali

Enti, associazioni e riferimenti istituzionali nazionali e internazionali		
ENAC	Ente Nazionale Aereonautica Civile	www.enac.gov.it
ENAV	Ente Nazionale Assistenza al Volo	www.enav.it
UVS	Associazione Europea RPAS	http://uvs-info.com
ICAO	International Civil Aviation Organization	http://www.icao.int
FAA	Federal Aviation Administration degli USA	http://www.faa.gov
AUVSI	Association for Unmanned Vehicle Systems International	http://www.auvsi.org
UAVS	Unmanned Aerial Vehicle Systems Association UK	https://www.uavs.org
EUROUSC	Associazione Internazionale RPAS Safety Assurance	http://eurousc.com/

Associazioni italiane		
Assorpar	Asociazione Italiana per i Light RPAS	http://www.assorpas.it/
FIAPR	Federazione Italiana Aeromobili a Pilotaggio Remoto	http://www.fiapr.it/

Riviste e portali nazionali e internazionali		
Dronezine	Prima e unica rivista italiana sui sistemi UAV	www.dronezine.it
Quadricottero news	Uno dei portali nati negli ultimi anni	http://www.quadricottero.com
Drone Magazine	Un altro portale sui droni	http://www.dronemagazine.it/
ROMA DRONE	Salone nazionale sistemi APR	http://www.romadrone.it/
Dronitaly	Salone dei sistemi UAV civili	http://www.dronitaly.it/
TUSEXPO	Salone europea per le applicazioni di sistemi UAV	http://tusexpo.com/

Raccolta globale aziende, tecnologie, progetti	URL	Nazione
DJI Innovations	www.dji-innovations.com	Cina
Accurate Automation	www.accurate-automation.com	USA
Acuity Technologies	www.acuitytx.com	USA
Adcom Systems	www.adcom-systems.com	United Arab Emirates
Aero Vironment	www.avinc.com	USA
Aeromapper	www.aeromao.com	Canada
Aerosight	www.civilianuav.com	USA
Wake Engineering	www.wake-eng.com/	Spagna
Aeryon Labs	www.aeryon.com	Canada
AiDrones	www.aidrones.de	Germania
Air Robotics	www.airrobot.de/	Germania
Airbone Tecnologies Inc	www.atiak.com/	USA
Airbotix	www.airbotix.com	Germania
Airship Manufacturing	www.airshipmanufacturing.com	USA
Altavian	www.altavian.com/	USA

Amercian Aerspace Airbobe Systems	www.american-aerospace.net	USA
American Unmanned Systems	www.americanunmannedsystems.com	USA
Applewhite Aero	www.applewhiteaero.com	USA
Arcturus UAV	www.arcturus-uav.com	USA
Aurora Flight Sciences Skate	www.aurora.aero	USA
Bosh Technologies	www.boshtech.com	USA
Brock Technologies	www.brocktechnologies.com	USA
Cat UAV	www.catuav.com	Spagna
Crescent Unmanned Systems	http://www.crescentunmanned.com/	USA
Cropcam	www.cropcam.com	Canada
CyberAero	http://www.cybaero.se/en	Svezia
Delaira-Tech	www.delair-tech.com	Francia
Dragonfly Pictures	www.dragonflypictures.com	USA
Droidworx	http://aeronavics.com/	Nuova Zelanda
Drone America	www.droneamerica.com	USA
Ecilop Flying Camera	www.ecilop.com	Lituania
Falcon UAV	www.falcon-uav.com	USA
Fan Wing	www.fanwing.com	UK
Fly-N-Sense	www.fly-n-sense.com	Francia
FlyTop	www.flytop.it	Italia
Frontline Aerospace	www.frontlineaerospace.com	USA
Hawkeye UAV	www.hawkeyeuav.com	Nuova Zelanda
Hoverfly Technology	www.hoverflytech.com	USA
IDS Ingegneria	www.idscorporation.com/	Italia
Innovative Automation Technologies	www.iat-llc.com	USA
Insitu Scan Eagle	www.insitu.com	Australia
Israel Aerospace Industries	www.iai.co.il	Israele
Marcus UAV Systems	www.marcusuav.com	USA
Maryland Aerospace	www.imicro.biz	USA
Microdrones	www.microdrones.com	Germania
MicroKopter	www.mikrokopter.com	Germania
MLB Company	www.spyplanes.com	USA
Northrop Grumman	www.northropgrumman.com	USA
Novadem	www.novadem.com	Francia
Parrot	www.parrot.com	Francia
Prioria	www.prioria.com	USA
Pulse Aerospace	www.pulseaero.com	USA
Quest UAV	www.questuav.com	UK
Rotomotion	http://www.rotomotion.com/	USA
Scion UAS	www.scionuas.com	USA
Sensefly	www.sensefly.com	Svizzera
Shadowair	www.shadowair.com	USA
Silent Falcon UAS Technologies	www.silentfalconuas.com	USA

Team Black Sheep	www.team-blacksheep.com	Austria
TOR Robotics	www.torrobotics.com	USA
Trigger Composites	www.kompozyty.trigger.pl	Polonia
Trimble	www.uas.trimble.com	USA
Turbo Ace	www.turboace.com	USA
UAS Europe	http://www.uas-europe.se/	Svezia
UAS Solutions	http://uav-solutions.com/	USA
UAV Factory	www.uavfactory.com	USA
Unmanned Systems Group	www.unmannedgroup.com	Svizzera

Sensori

Flir	www.flir.com	USA
IAI MicroPop	www.iai.co.il	Israele
IRCameras	www.ircameras.com	USA
Microgeo	www.microgeo.it	Italia
Tetracam	www.tetracam.com	USA
Quest Innovations	www.quest-innovations.com	Olanda
Flux Data	www.fluxdata.com	USA
BAE Systems	www.baesystems.com	Multinazionale UK
Riegel	www.riegl.com/	Austria
Ricola	http://www.rikola.fi/	Finlandia
Headwall Photonics	www.headwallphotonics.com	USA
Hyspex	www.hyspex.no	Norvegia
Opto Knowledge	www.optoknowledge.com	USA
Advanced Sientific Concepts	www.advancedscientificconcepts.com	USA
Velodyne	www.velodyne.com	USA
Autonomou Stuff	www.autonomousstuff.com	USA
IMSAR	www.imsar.com	USA
Maxbotix	www.maxbotix.com	USA
A2e Tecnologies	www.a2etechnologies.com/	USA
American Dynamics	www.americandynamics.net	USA

Autopilota

Mikrocopter	www.mikrokopter.de	Germania
Airware	www.airware.com	USA
MicroPilot	www.micropilot.com	Canada
Cloud Cap Technology	www.cloudcaptech.com	USA
Procerus/Kestrel	http://www.lockheedmartin.com/us/products/procerus/kestrel.html	USA
NAZA	www.dji.com	Cina
3D Robotics APM	www.3drobotics.com	USA

SW post-processing

Menci APS	www.menci.com	Italia
Pix4D	www.pix4d.com	Svizzera
Mosaic Mill	www.mosaicmill.com	Finlandia

PhotoScan	www.agisoft.ru	Russia
Enso Mosaic	www.ensomosaic.com	Finlandia
PIEneering	www.pieneering.fi	Finlandia
Associati ASSORPAS		
Advanced Aviation Technology – A2Tech	www.a2tech.eu	Italia
AERMATICA S.p.A.	www.aermatica.com/	Italia
AeroDron S.r.l	www.aerodron.com/	Italia
AEROPIX	www.aeropix.it	Italia
Aibotix Italia Srl	www.aibotixitalia.it	Italia
Al-To drones srl	www.alto-drones.com	Italia
BIRDVIEW snc	www.birdview.it	Italia
CINEFLY S.n.c.	www.cinefly.it	Italia
Cyberfed di Gian Pietro Fedrigoni	www.cyberfed.eu	Italia
Droinwork Aerial Film	www.droinwork.it	Italia
DRONE AT WORK	www.droneatwork.it	Italia
Eagle Eye Vision	www.eagleyevision.com	Italia
EURODRONE – Personal Soft Service s.a.s.	www.eurodrone.it	Italia
EYE-SKY Srl	www.eye-sky.it	Italia
Filmer Production	www.filmer.it	Italia
Fototrappolaggio srl	www.fototrappolaggio.com	Italia
FTO Padova	www.ftopadova.it	Italia
GEOGRAPHIKE SRL	www.geographike.it	Italia
GEOMATICH SAS	www.geomatich.it	Italia
GLOBAL SERVICE	www.servizitopografici.com	Italia
HELI VR	www.helivr.com	Italia
Italdron s.r.l.	www.italdron.com	Italia
Mechatron Multiservice srl	www.mechatron.it	Italia
Menci Software	www.menci.com	Italia
Microgeo	www.microgeo.it	Italia
MJ MULTICOPTER	www.mjmulticopter.com	Italia
Moviedrone	www.moviedrone.it	Italia
Neutech srl	www.airvision.it	Italia
Nuovi Sistemi S.r.l.	www.cloud-cam.it	Italia
OBEN SRL	www.oben.it	Italia
PANOPTES	www.panoptes.it	Italia
PITOM	www.pitom.eu	Italia
REPORTAIR SRL	www.reportair.it	Italia
S.I.GEO S.rl.	www.sigeosrl.com	Italia
SALT & LEMON	www.saltlemon.eu	Italia
SIRALAB ROBOTICS	www.siralab.com	Italia
Sky Frames di Mariano Guarracino	www.skyframes.eu	Italia

Skyline S.r.l.s.	www.skylinesrls.com	Italia
Studio di Ingegneria Terradat	www.terradat.it	Italia
STUDIO TOPOGRAFICO FOSSATI	www.studiotopograficofossati.it	Italia
Techfly by Newprojects.it	www.techfly.it	Italia
TopView s.r.l.	www.topview.it	Italia
Unicity S.p.A.	www.unicity.eu	Italia
ViReal	www.vireal.it	Italia
VOLOVISIONE	www.volovisione.com	Italia
Zollet Service Società Cooperativa Zeta Esse s.c.	www.zolletservice.it	Italia

Volume chiuso in redazione *il*
15 maggio 2015

*my*GEO Edizioni © 2015

www.ingramcontent.com/pod-product-compliance
Lightning Source LLC
Chambersburg PA
CBHW051921170526
45168CB00001B/488